晋中市城市雨水资源
开发利用潜势分析

朱俊峰　等著

气象出版社
China Meteorological Press

内 容 提 要

本书是中小城市雨水资源开发利用技术研究成果,分析了晋中市城市水资源现状和缺水程度及全市 11 个中小城市的雨水资源潜势,在试点试验研究的基础上,提出了晋中市城市雨水资源利用技术推广要点和政策建议,以及应向标准化、产业化发展的努力方向。

本书可供中小城市政府、城建、水务、气象部门以及机关、企事业单位、商务、学校等开展雨水资源利用时参考。

图书在版编目(CIP)数据

晋中市城市雨水资源开发利用潜势分析/朱俊峰等著.
北京:气象出版社,2014.8
  ISBN 978-7-5029-5971-5

Ⅰ.①晋… Ⅱ.①朱… Ⅲ.①雨水资源-资源开发-晋中市
②雨水资源-资源利用-晋中市 Ⅳ.①TV21

中国版本图书馆 CIP 数据核字(2014)第 166460 号

出版发行:气象出版社
地　　址:北京市海淀区中关村南大街 46 号　　**邮政编码**:100081
总 编 室:010-68407112　　　　　　　　　　**发 行 部**:010-68409198
网　　址:http://www.cmp.cma.gov.cn　　**E-mail**:qxcbs@cma.gov.cn
责任编辑:崔晓军　　　　　　　　　　　　　**终　　审**:汪勤模
封面设计:易普锐创意　　　　　　　　　　　**责任技编**:吴庭芳
印　　刷:北京中新伟业印刷有限公司
开　　本:880 mm×1 230 mm　　1/32　　　**印　　张**:3.5
字　　数:100 千字
版　　次:2014 年 8 月第 1 版　　　　　　　**印　　次**:2014 年 8 月第 1 次印刷
定　　价:18.00 元

编 委 会

主　编：朱俊峰

副主编：曹才瑞　郭继奋

成　员：李文金　张深毅　闫　栋

　　　　陈红萍　李文辉

前　　言

　　山西省晋中市共辖 1 个中等城市(晋中市)、1 个小城市(介休市)和 9 个县城城区(简称"晋中市 11 个中小城市",下同)。据晋中市 2011 年水资源数据,全市人均水资源年占有量为 360 m^3,仅为全世界人均值的 4%(1/25)、全国人均值的 16%(1/6),远低于国际公认的极度缺水标准 500 m^3。特别是榆次区(晋中市政府所在地)和介休市人均水资源年占有量分别只有 130 m^3 和 154 m^3,比国际公认的危及人类生存生活底线的 300 m^3 还要少 57% 和 49%。由此可见,晋中市 11 个中小城市都严重缺水,缺水已经构成制约各城市社会、经济发展及生态环境改善的瓶颈。然而,随着城镇化的快速推进,城市人口不断增加,建成区面积成倍扩大,不仅加大了城市水资源严重紧缺的压力,更导致了雨水径流猛增及雨洪致灾的频繁发生。

　　为了缓解晋中市 11 个中小城市的水资源供需矛盾,达到寓雨水资源利用于城市雨洪灾害防御之中的目的,晋中市气象局、晋中市建设局组织科技人员对晋中市城市雨水资源利用进行探索性技术研究,并于 2005 年向山西省科技厅申报了"雨水资源在城市节水和防洪中的开发利用研究"课题,同年被批准,随即开始对晋中市城市雨水资源开发利用展开分析研究。首先,对各城市的降雨情况和雨水资源量进行分析和估算,结果证明,各城市的雨水资源量都较丰富,开发利用的潜力很大;其次,对国外、国内城市雨水利用概况及经验做了客观分析,有许多好的技术方法和运行经验值得借鉴;第三,针对晋中市 11 个中小城市的实际情况,进行适用于中小城市雨水资源化开发利用的技术研究,选定试点小区和试点庭院,对雨水资源利用的技术工程如屋面、路面雨水径流的初期弃流、雨水管网、蓄水池等雨水收集设施和雨水收集入渗回补地下水设施、雨水径流调控排放设施等,做了详细勘察和设置布局,与小区整体建设工程统一设计、统一施工,于 2006 年建成。从 2007 年 5 月起,试点小区与试点庭院的雨水收集利用工程设施开始运行,至 2012 年,经过 6 年的运行实践并借鉴北京等大城市雨水利用技术和经验,初步总结出了晋中市城市雨水资源利用的 4 项技术要点,提出了相应的经济、管理等政策建议,对晋中市城市雨水资源化开发利用的前景提出了向标准化、产业化发展的努力方向。

由于著者学术研究水平及实践经验有限,难免有不准确乃至错误之处,敬请专家与同行批评指正。

著者

2014 年 2 月

目　录

1 概　述

　　水是城市发展的命脉,是城市发展高度依赖的基础资源,也是城市可持续发展的关键因素。晋中市 11 个中小城市中除和顺、左权、榆社、寿阳 4 个县城城区外,其余 7 个中小城市均处于天然水资源极度缺乏状态。例如晋中市城区的水资源已显示出"令人吃惊的缺水信号"。信号一是"地表水逐年衰减",城区范围内的 10 条主要河流中,除潇河、涂河常年有一部分清水基流外,其余均属无尾时令河,无利用价值。而且从第二次水资源评价(1980—2000 年)结果看,晋中市城区地表水比第一次评价(1956—1984 年)减少 16.5%,衰减明显。信号二是"地下水严重超采",据地下水动态监测资料显示,因地下水严重超采,已形成了 1 个较大范围的地下水漏斗区和 3 个超采区,分别为城区内液压件厂漏斗区(见图1.1 和图 1.2),源涡水源地周围超采区,城区南东阳、北田、庄子超采区,以及城区北鸣谦等乡镇超采区。超采总面积达 293 km^2,其中严重超采区有 152 km^2,年地下水超采量达 1 000万 m^3,城区供水基本上是靠超采地下水维持。信号三是"水环境日趋恶化",由于城区规模扩大、发展加快,大量的工业和生活污、废水未经处理直接排入河道,使河流污染加剧,反过来又污染浅、中层地下水,使地下水水质严重恶化。

　　随着城镇化进程的加快和大县城建设的快速推进,城市

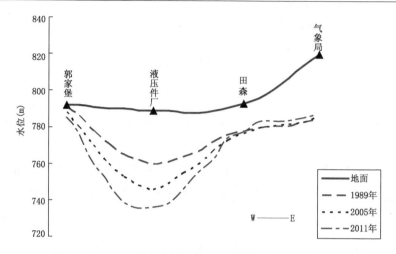

图 1.1 2011 年晋中市城区地下水降落漏斗(E-W)剖面图

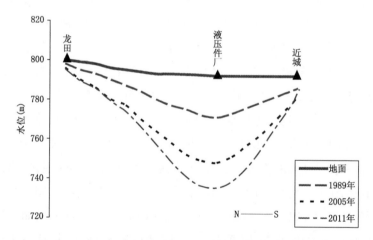

图 1.2 2011 年晋中市城区地下水降落漏斗(N-S)剖面图

人口猛增,工业企业规模不断扩大,城市需水量呈现快速上升态势,水资源的供需矛盾愈加突出。在当前这种水资源极度紧缺,而需水量又快速上升的情况下,晋中市的 11 个中小城市都面临着如下不协调状态:一方面,城区需水量不断上升,水资源供需矛盾不断加剧,水污染问题日趋严重;另一方面,又有相当量宝贵的雨水资源白白地从城区排出,不仅浪费了水资源,更增大了水污染和污水处理量。尤其值得注意的是,随着城市规模的扩大,城区的建筑、街道、广场等不透水面积大幅度增加,使得降雨产生的径流量加大,雨水的流失量增加,而地下水的补给量却因城区雨水渗透面积减小而减少,城区的洪涝灾害加重,并且大量的雨水径流对河流等水体造成严重污染,这些问题严重制约城镇化进程的加快发展,威胁人民生命和财产的安全,导致城市的生态环境不断恶化。图 1.3 给出了城镇化加快发展对水资源和生态环境的影响关系。

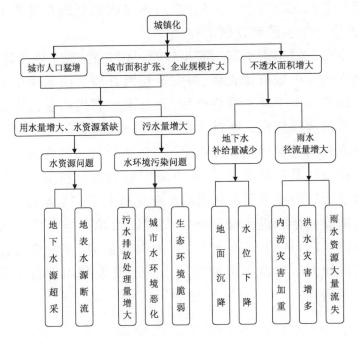

图 1.3　城镇化加快发展对水资源和生态环境的影响关系

　　因城市缺水,而雨水又是优质廉价的资源性水源,所以,城市雨水资源开发利用逐渐引起了人们的重视,并认识到缺水城市实现可持续发展,必须把雨水作为重要的基础资源之一。从 20 世纪 60 年代起,城市雨水资源开发利用首先在发达国家逐步发展起来。1989 年,德国首先出台了《雨水利用设施标准》(潘安君 等,2010),对住宅、商业、工业区域的雨水利用设施的设计、施工和运行实施管理,在过滤、储存、控制与监测 4 个方面制定了标准,后经多年的发展和完善,到 21 世纪初,已有"第三代"雨水利用技术标准出台。1991 年,国际雨水收集利用协会(IRCSA)在我国宝岛台湾正式成立,每 2 年召开一次交流大会。2013 年,第 16 届国际雨水收集利用交流大会在北京召开。至此,城市雨水收集利用在世界上已有 60 多年的实践和发展历程。

　　中国的城市雨水利用起步较晚,从 20 世纪 90 年代起,一些缺水的大中城市如北京、西安等相继开展了雨水利用的探索与研究。由于缺水形势严峻,北京雨水利用产业已率先进入示范与实践阶段。通过示范工程的带动,目前已实现了城市雨水利用的标准化和产业化,并于 2003 年 4 月在北京中关村科技园区昌平园成立了"北京泰宁科创雨水利用技术股份有限公司",使城市雨水利用的产业化迈上了一个新台阶。

　　随着社会的进步和经济的发展以及越来越严峻的水资源供需矛盾,从 2005 年开始,晋中市气象局、晋中市建设局组织科技人员对晋中市城市雨水资源开发利用进行了探索性技术研究。

2 晋中市城市雨水资源潜势分析

2.1 城市缺水现状

晋中市水资源存在天然性不足。截至 2012 年,全市多年平均降水量为 477 mm(1954—2012 年),比全国多年平均降水量偏少 24%,比山西省多年平均降水量偏少 6%。据晋中市 2011 年水资源公报,2011 年全市水资源总量 117 589 万 m³,年人均水资源量仅 360 m³,只有全世界年人均水资源量的 4%,全国年人均水资源量的 16.2%,比山西省年人均水资源量的 382 m³ 还少约 6%。

按照国际公认的缺水标准:年人均水资源量低于 3 000 m³ 为轻度缺水;低于 2 000 m³ 为中度缺水;低于 1 000 m³ 为重度缺水;低于 500 m³ 为极度缺水;低于 300 m³ 即为危及人类生存生活底线的灾难性极度缺水。晋中市 2011 年人均水资源量仅 360 m³,当属极度缺水地区。而晋中市及介休、平遥、灵石、祁县等 5 个中小城市年人均水资源量小于 300 m³,即属于危及人类生存生活底线的灾难性极度缺水地区。2011 年晋中市水资源状况见表 2.1。

从表 2.1 可看出,晋中市和介休、平遥、灵石、祁县、太谷等 6 个中小城市为严重极度缺水区域,人均水资源量比国际极度缺水标准还少 36%~74%。为了更加直观地了解平川地区极度缺水程度，以榆次区为例制作图 2.1。

表 2.1 2011 年晋中市水资源状况

市县	年平均降水量（mm）	水资源总量（万 m³）	人均水资源量（m³）	占全世界人均水资源量（%）	占全国人均水资源量（%）
晋中市	401.8	8 353	130	1.4	5.8
太谷县	423.8	9 539	317	3.5	14.0
祁　县	416.1	7 868	295	3.3	13.3
平遥县	410.1	11 108	219	2.4	9.9
介休市	465.5	6 288	154	1.7	6.9
灵石县	483.7	5 816	221	2.5	10.0
榆社县	542.4	11 998	884	9.8	39.8
左权县	520.8	17 717	1 092	12.1	49.2
和顺县	549.0	16 506	1 139	12.7	51.3
昔阳县	540.6	10 269	449	5.0	20.2
寿阳县	491.2	12 127	573	6.4	25.8
全　市	476.8	117 589	360	4.0	16.2

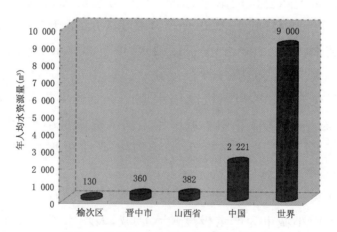

图 2.1 榆次区 2011 年人均水资源量比较

由图 2.1 可见，榆次区人均水资源量只有全市的约 36％、全省的约 34％、全国的约 5.9％、全世界的约 1.4％，已经处于十分严重的极度缺水状态，缺水形势极其严峻。

东山地区水资源相对较多，但人均水资源量也只有全世界的 5％～12％，全国的 20％～50％，其中，昔阳县亦属极度缺水区域。

随着晋中市经济的高速发展，城镇化进程的不断推进，城市用水量大幅度增加，现有的水资源量已远不能满足快速增长的用水量需求，使得水资源的供需矛盾日趋严重。特别是平川地区的 6 个县（区、市），严重极度缺水状态已经构成了城镇发展的瓶颈。总之，全市极度缺水的形势十分严峻。

2.2　城市雨水资源的潜力

2.2.1　晋中市降水量情况

晋中地处中纬度典型的大陆性季风气候区，四季分明，冬、春季少雨，降水量占全年的 17.5％；夏、秋季多雨，降水量占全年的 82.5％。

全市历年平均年降水量为 476.8 mm，介于 401.8 mm（榆次区）～549 mm（和顺）之间。最多年降水量为 1 069 mm（出现在和顺县的 1963 年），最少年降水量为 201 mm（出现在榆次区的 1997 年）。

（1）晋中市年降水量分析

晋中市 11 个中小城市的年降水量，具有汛期雨量高度集中、年际变化大、地区分布不均等特点。由于降水变率的不稳定性和地形影响,致使各地降水的季节性和地域性差异很大。因此,对降水资料的合理分析是科学估算雨水资源量的前提,以下将全市 53 年(1960—2012 年)的年平均降水量与距平值制成表 2.2,为城市雨水资源潜力估算提供便利。

表 2.2　晋中市 1960—2012 年历年平均降水量和距平值表　　单位:mm

年份	年降水量	距平值	年份	年降水量	距平值
1960	485.8	1.0	1987	467.1	−17.7
1961	543.2	58.4	1988	597.0	112.2
1962	555.7	70.9	1989	450.6	−34.2
1963	736.9	252.1	1990	544.4	59.6
1964	698.9	214.1	1991	414.9	−69.9
1965	335.2	−149.6	1992	385.4	−99.4
1966	598.7	113.9	1993	462.2	−22.6
1967	575.7	90.9	1994	447.3	−37.5
1968	467.2	−17.6	1995	471.9	−12.9
1969	577.5	92.7	1996	538.6	53.8
1970	460.3	−24.5	1997	280.1	−204.7
1971	688.0	203.2	1998	404.9	−79.9
1972	298.6	−186.2	1999	333.1	−151.7
1973	639.4	154.6	2000	376.8	−108.0
1974	362.2	−122.6	2001	388.3	−96.5
1975	511.5	26.7	2002	494.2	9.4
1976	521.1	36.3	2003	570.1	85.3
1977	628.2	143.4	2004	416.6	−68.2
1978	527.5	42.7	2005	447.5	−37.3
1979	435.2	−49.6	2006	442.0	−42.8
1980	396.3	−88.5	2007	529.9	45.1
1981	457.0	−27.8	2008	368.7	−116.1
1982	465.0	−19.8	2009	530.2	45.4
1983	550.2	65.4	2010	399.8	−85.0
1984	414.3	−70.5	2011	594.6	109.8
1985	592.0	107.2	2012	534.7	49.9
1986	282.2	−202.6			

由表 2.2 可见,全市平均年最多降水量为 736.9 mm(出现在 1963 年),平均年最少降水量为 280.1 mm(出现在 1997 年),年最多降水量是年最少降水量的 2.63 倍。从年平均降水量和距平值变化曲线(见图 2.2)来看,变幅波动很大,尤其是 20 世纪 80 年代之前,雨量偏多且年际变化大,而自 90 年代以来,雨量相对偏少,年际变化也趋减小,尤其是近十几年来,年平均降水量比较平稳,徘徊在平均线上下。

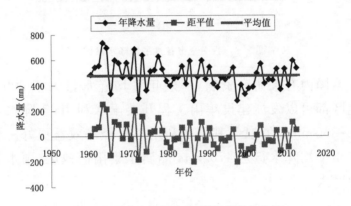

图 2.2 晋中市年降水量、距平值变化曲线

(2)晋中市月降水量分析

全市历年各月平均降水量分配极不均匀。1月份为降水最少月,降水量仅为 2.9 mm;7月份为最多月,降水量为 117.4 mm(见图 2.3)。降水主要集中在 5—9 月,这 5 个月的降水量占全年降水量的 81%,降水最集中的是 7—9 月,其降水量占全年降水量的 61%,且多集中于几次大雨或暴雨降水过程,尤其是主汛期的降水强度大、历时短,大量的降水形成地表径流,往往造成城市雨洪灾害,但同时亦是城市雨水收集利用的最好时期。

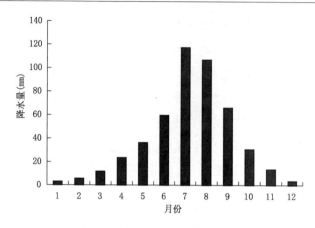

图 2.3　晋中全市各月平均降水量图

据国内有关研究资料,一般年平均降水量大于 200 mm
的地区都可以发展建设集雨工程开展雨水利用;年降水量在
300～350 mm 的地区,其雨水利用工程经济效益更好。晋中
市多年平均降水量达 476.8 mm,属于集雨高效区,雨水利用
潜力巨大。

2.2.2　晋中市城市雨水利用潜势分析与估算

晋中市的降水特点是汛期降水量高度集中,对城市雨水
收集利用非常有利,潜力很大。由于降水的季节分布极不均
匀、雨水的水质情况等自然因素和城市建筑物布局等各种结
构性因素的限制,各城市年平均可收集雨水量的估算可采用
如下公式(赵洁琳 2010):

$$Q = \psi \alpha \beta A H \qquad (2.1)$$

式中:Q 为城区年均可收集雨量,m^3;

ψ 为平均径流系数,按照中华人民共和国建设部(2006)
《GB 50400—2006 建筑与小区雨水利用工程技术规范》标准,

不同下垫面条件下的径流系数见表 2.3;

表 2.3　城市不同下垫面条件下的径流系数 ψ

下垫面的种类	径流系数
各种屋面、混凝土和沥青地面、路面	0.90
铺石子的平屋顶	0.70
块石铺砌路面及沥青表面处理的碎石路面	0.60
干砌砖、石及碎石路面	0.40
非铺砌土路面	0.30
公园和绿地、草坪	0.15
水面	1

引自:中华人民共和国建设部,GB50400—2006 建筑与小区雨水利用工程技术规范

H 为年平均降水量,mm;

α 为季节折减系数,$\alpha = H_1/H$;

H_1 为汛期平均降水量,mm;

β 为初期弃流系数,$\beta = 1 - H_0 \times n/H$;

H_0 为初期降水量,mm;

n 为年平均降水次数;

A 为集雨面积,$A = A_0 \times \delta$,km^2;

A_0 为建成区面积,km^2;

δ 为不透水地面比率,$\delta = 1 -$ 绿地率 $-$ 水面覆盖率。

依据晋中市 11 个中小城市的相关资料,采用公式(2.1)计算出各城市的雨水资源潜力。在计算中:

A 为集雨面积,即为城市的不透水面积,其中:建成区面积 A_0 是指市行政区范围内已经建设起来的非农业生产建设地段,包括城区集中连片的建筑部分和分散的市政公用设施的建设部分,如飞机场、铁路设施、通信及电台设施等;

ϕ 为平均径流系数,可计为城区各类不透水面的径流系数加权平均,因为晋中市 11 个中小城市的建成区不透水面基本上都是由各种屋面、混凝土和沥青地面所构成,所以和其他城市一样,平均径流系数介于 0.8～0.9 之间,根据晋中市各中小城市城区下垫面的实际结构特点,按照中华人民共和国国家标准规定的城市雨水径流系数,并参考相邻城市的相应值,晋中市的 11 个中小城市平均雨水径流系数估算为 0.8;

β 为初期弃流系数,因为城市雨水利用技术基本上相近,计算时可统一采用北京雨水资源收集利用方案中的 β 值 0.87(曹秀芹 等,2002)。

依公式(2.1)计算晋中市 11 个中小城市的平均雨水资源利用潜力。

(1)晋中市城区(榆次区)雨水资源潜力估算

榆次区 2011 年人均水资源量仅 130 m³,比国际公认的危及人类生存生活底线的灾难性极度缺水标准 300 m³(下同)还少 57%,是全市极度缺水最为严重区域,但同时也是城市雨水资源潜力最大区域。按照可收集雨水量公式(2.1)计算,晋中市城区(榆次区)可收集利用的雨水资源量见表 2.4。

表 2.4　晋中市城区可收集利用的雨水资源量

建成区面积 $A_0(\text{km}^2)$	不透水地面比率 δ	平均径流系数 ψ	季节折减系数 α	初期弃流系数 β	集雨面积 $A(\text{km}^2)$
50.0	0.81	0.8	0.8	0.87	40.5
年平均降水量(mm)	年平均雨水资源量(万 m³)	年最多降水量(mm)	年最多雨水资源量(万 m³)	年最少降水量(mm)	年最少雨水资源量(万 m³)
401.8	906	601.5	1 356	201.0	453

注:表内数据均截至 2012 年,下同

由表 2.4 可见,晋中市城区(榆次区)年平均雨水资源量为 906 万 m^3,年最多降水量时可收集利用的雨水资源量达 1 356 万 m^3,年最少降水量时可收集利用的雨水资源量为 453 万 m^3。若以历年平均降水量计,城区平均每年可收集的雨水资源量即相当于郭堡水库年蓄水量的近 70%,这是一笔巨大的财富,如能开发利用将会大大缓解晋中市城区水资源极度缺乏的局面。

(2)介休市城区雨水资源潜力估算

介休市 2011 年人均水资源量为 154 m^3,仅占国际公认的危及人类生存生活底线的灾难性极度缺水标准 300 m^3 的 51%,略高于榆次区,但比全市人均水资源量少 206 m^3,也是全市极度缺水最严峻区域,而同时城区雨水资源潜力也较大。经计算,介休市城区可收集利用的雨水资源量见表 2.5。

表 2.5　介休市城区可收集利用的雨水资源量

建成区面积 A_0(km^2)	不透水地面比率 δ	平均径流系数 ψ	季节折减系数 α	初期弃流系数 β	集雨面积 A(km^2)
17.55	0.81	0.8	0.8	0.87	14.22

年平均降水量(mm)	年平均雨水资源量(万 m^3)	年最多降水量(mm)	年最多雨水资源量(万 m^3)	年最少降水量(mm)	年最少雨水资源量(万 m^3)
465.5	369	732.4	580	263.5	209

表 2.5 显示,介休市城区年平均可收集利用的雨水资源量为 369 万 m^3,年最多降水量时可收集利用的雨水资源量为 580 万 m^3,年最少降水量时可收集利用的雨水资源量为 209 万 m^3。在介休市严重极度缺水的状态下,开发利用城市雨水资源不仅可补充水资源的极度紧缺,也能改善城区水环境,

修复城区生态环境。

（3）太谷县县城雨水资源潜力估算

太谷县 2011 年人均水资源量为 317 m³,只相当于国际极度缺水标准 500 m³ 的 63.4%,虽然比榆次区、介休市的人均水资源量略高,但比全市人均水资源量少 43 m³,仍为全市极度缺水严峻区域。同时,太谷县县城的雨水资源潜力较大,经计算太谷县县城可收集利用的雨水资源量见表 2.6。

表 2.6 说明,太谷县县城的雨水资源相当可观,年平均可收集利用的雨水资源量为 269 万 m³,相当于郭堡水库年平均蓄水量的 10% 以上。年最多降水量时可收集利用的雨水资源量为 394 万 m³,年最少降水量时可收集利用的雨水资源量为 139 万 m³。这些雨水资源如能开发利用,将对太谷的大县城建设具有重大的现实和战略意义。

表 2.6　太谷县县城可收集利用的雨水资源量

建成区面积 A_0(km²)	不透水地面比率 δ	平均径流系数 ψ	季节折减系数 α	初期弃流系数 β	集雨面积 A(km²)
13.9	0.82	0.8	0.8	0.87	11.4
年平均降水量(mm)	年平均雨水资源量(万 m³)	年最多降水量(mm)	年最多雨水资源量(万 m³)	年最少降水量(mm)	年最少雨水资源量(万 m³)
423.8	269	621.4	394	219.0	139

（4）祁县县城雨水资源潜力估算

祁县 2011 年人均水资源量为 295 m³,比太谷县略少,比全市人均水资源量少 65 m³,只有国际极度缺水标准 500 m³ 的 59%,也属晋中市极度缺水形势极其严峻区域。同时,县城的雨水资源潜力也较大,可收集利用的雨水资源量见

表 2.7。

表 2.7 祁县县城可收集利用的雨水资源量

建成区面积 A_0(km²)	不透水地面比率 δ	平均径流系数 ψ	季节折减系数 α	初期弃流系数 β	集雨面积 A(km²)
12.5	0.82	0.8	0.8	0.87	10.25

年平均降水量 (mm)	年平均雨水资源量 (万 m³)	年最多降水量 (mm)	年最多雨水资源量 (万 m³)	年最少降水量 (mm)	年最少雨水资源量 (万 m³)
416.1	237	587.7	335	243.9	139

由表 2.7 可见,祁县县城可收集利用的雨水资源量年平均达 237 万 m³,年最多降水量时可达 335 万 m³,年最少降水量时雨水资源量也可收集 139 万 m³。如果把这些宝贵的雨水资源留住,不让其白白流走并充分利用起来,即可大大缓解祁县县城极度缺水的严峻局势,促进城市建设,改善城内水环境和生态环境。

(5)平遥县县城雨水资源潜力估算

平遥县 2011 年人均水资源量为 219 m³,不及国际极度缺水标准 500 m³ 的 44%,与榆次区、介休市相当,但比全市人均水资源量少 141 m³,为晋中市人均水资源量第三最少地区,亦是全市极度缺水形势严峻的地区。同时,平遥县县城的雨水资源潜力非常可观,可收集利用的雨水资源量见表 2.8。

由表 2.8 可知,平遥县县城年平均可收集利用的雨水资源量为 258 万 m³,相当于尹回水库年蓄水量的近 50%,年最多降水量时可收集利用的雨水资源量达 427 万 m³,年最少降水量时可收集利用的雨水资源量也有 142 万 m³。平遥古城中外闻名,是全国乃至世界的旅游胜地,每年仅旅游流动人口可达数百万人,使本来就极度缺水的古城的缺水形势更趋严峻。若能把可收集的雨水资源利用起来,不仅可大大缓解古城的极度缺水状况,而且可促进城区发展,改善水环境和生态环境。

表 2.8   平遥县县城可收集利用的雨水资源量

建成区面积 $A_0(\text{km}^2)$	不透水地面比率 δ	平均径流系数 ψ	季节折减系数 α	初期弃流系数 β	集雨面积 $A(\text{km}^2)$
13.62	0.83	0.8	0.8	0.87	11.3
年平均降水量（mm）	年平均雨水资源量（万 m^3）	年最多降水量（mm）	年最多雨水资源量（万 m^3）	年最少降水量（mm）	年最少雨水资源量（万 m^3）
410.1	258	679.1	427	224.9	142

(6)灵石县县城雨水资源潜力估算

灵石县 2011 年人均水资源量为 221 m^3,仅为国际极度缺水标准 500 m^3 的 44%,比全市人均水资源量还少 139 m^3,为晋中市人均水资源量第四最少县城,也是全市极度缺水最严峻县城。同时,灵石县县城雨水资源较丰富,开发利用潜力很大,可收集利用的雨水资源量见表 2.9。

表 2.9   灵石县县城可收集利用的雨水资源量

建成区面积 $A_0(\text{km}^2)$	不透水地面比率 δ	平均径流系数 ψ	季节折减系数 α	初期弃流系数 β	集雨面积 $A(\text{km}^2)$
5.86	0.85	0.8	0.8	0.87	4.98
年平均降水量（mm）	年平均雨水资源量（万 m^3）	年最多降水量（mm）	年最多雨水资源量（万 m^3）	年最少降水量（mm）	年最少雨水资源量（万 m^3）
483.7	134	727.0	202	273.5	77

由表 2.9 可看出,灵石县县城年平均可收集利用的雨水资源量为 134 万 m^3,年最多降水量时可收集利用的雨水资源量达 202 万 m^3,年最少降水量时可收集利用的雨水资源量也有 77 万 m^3。对于灵石县因开采煤矿使水资源极度紧缺的现状来讲,这些极为宝贵的可收集利用的雨水资源就愈显得其意义重大,开发利用的必要性和紧迫性就愈显突出。

(7)昔阳县县城雨水资源潜力估算

东山 5 县的水资源相对于平川较多,但唯独昔阳县的人均水资源量比国际极度缺水标准 500 m^3 少 51 m^3,仅有 449 m^3,属于极度缺水县城。但因年均降水量较多,县城的雨水资源量也较丰富,开发利用具有较大潜力。县城可收集利用的雨水资源量见表 2.10。

表 2.10　昔阳县县城可收集利用的雨水资源量

建成区面积 $A_0(km^2)$	不透水地面比率 δ	平均径流系数 ψ	季节折减系数 α	初期弃流系数 β	集雨面积 $A(km^2)$
4.9	0.83	0.8	0.8	0.87	4.1

年平均降水量 (mm)	年平均雨水资源量 (万 m^3)	年最多降水量 (mm)	年最多雨水资源量 (万 m^3)	年最少降水量 (mm)	年最少雨水资源量 (万 m^3)
540.6	123	995.7	227	242.3	55

表 2.10 显示,昔阳县县城年平均可收集利用的雨水资源量为 123 万 m^3,年最多降水量时可收集利用的雨水资源量达 227 万 m^3,年最少降水量时可收集利用的雨水资源量仍有 55 万 m^3,开发利用的潜力很大。从昔阳县的干旱气候特征以及开采煤矿使地下水资源损失严重的实际出发,雨水资源的开发利用具有重要的现实和战略意义。

(8)寿阳县县城雨水资源潜力估算

寿阳县 2011 年人均水资源量为 573 m^3,略多于昔阳县,比国际极度缺水标准 500 m^3 仅多了 73 m^3,虽属国际重度缺水标准范围,但接近于极度缺水标准,应按极度缺水区域来分析其水资源状态。由于受特定地形的影响,寿阳县的年平均降水量与平川南部接近,然而比东山其余 4 县明显偏少。不过,寿阳县县城的雨水资源潜力较大,具有很大的开发利用价值,可收集利用的雨水资源量见表 2.11。

表 2.11　寿阳县县城可收集利用的雨水资源量

建成区面积 $A_0(km^2)$	不透水地面比率 δ	平均径流系数 ψ	季节折减系数 α	初期弃流系数 β	集雨面积 $A(km^2)$
10.72	0.80	0.8	0.8	0.87	8.58
年平均降水量（mm）	年平均雨水资源量（万 m^3）	年最多降水量（mm）	年最多雨水资源量（万 m^3）	年最少降水量（mm）	年最少雨水资源量（万 m^3）
491.2	235	806.2	385	235.3	112

表 2.11 显示,寿阳县县城年平均可收集利用的雨水资源量为 235 万 m^3,基本上与蔡庄水库年蓄水量 240 万 m^3 相当,年最多降水量时可收集利用的雨水资源量为 385 万 m^3,年最少降水量时可收集利用的雨水资源量为 112 万 m^3,约相当于蔡庄水库常年蓄水量的 50%。由此可见,寿阳县县城雨水资源开发利用具有很大潜力。针对寿阳县严重缺水的实际,雨水资源的开发利用,不仅可缓解水资源紧缺而形成的供需矛盾,而且也对改善寿阳县水环境和生态环境具有重要的现实意义和战略意义。

(9)榆社县县城雨水资源潜力估算

榆社县 2011 年人均水资源量为 884 m³，属于国际重度缺水标准范围，为东山 5 县中水资源量仅次于和顺、左权的比较丰富地区，并且雨水资源也较丰富，开发利用的潜力很大。榆社县县城可收集利用的雨水资源量见表 2.12。

表 2.12 榆社县县城可收集利用的雨水资源量

建成区面积 A_0 (km²)	不透水地面比率 δ	平均径流系数 ψ	季节折减系数 α	初期弃流系数 β	集雨面积 A (km²)
7.5	0.82	0.8	0.8	0.87	6.15

年平均降水量（mm）	年平均雨水资源量（万 m³）	年最多降水量（mm）	年最多雨水资源量（万 m³）	年最少降水量（mm）	年最少雨水资源量（万 m³）
542.4	186	876.1	300	317.2	109

由表 2.12 看出，榆社县县城年平均可收集利用的雨水资源量为 186 万 m³，年最多降水量时可收集利用的雨水资源量达 300 万 m³，年最少降水量时可收集利用的雨水资源量也有 109 万 m³。可以看出，榆社县县城雨水资源开发利用具有明显的优势和潜力。

(10)左权县县城雨水资源潜力估算

左权县 2011 年人均水资源量为 1 092 m³，刚好跨入国际中度缺水（少于 2 000 m³）标准，但仅超过国际重度缺水标准（1 000 m³）92 m³，故仍属重度缺水地区。从东山 5 县来看，左权县的人均水资源量与和顺县相当，是最多的区域之一。同时，因降水量偏多，雨水资源也相对较丰富，开发利用的潜力很大。左权县县城可收集利用的雨水资源量见表 2.13。

表 2.13 显示，左权县县城年平均可收集利用的雨水资源量为 122 万 m³，年最多降水量时可收集利用的雨水资源量

达 202 万 m^3,年最少降水量时仍可收集利用的雨水资源量为 73 万 m^3。可见,左权县县城的雨水资源具有很大的开发利用潜力。

表 2.13 左权县县城可收集利用的雨水资源量

建成区面积 $A_0(km^2)$	不透水地面比率 δ	平均径流系数 ψ	季节折减系数 α	初期弃流系数 β	集雨面积 $A(km^2)$
5.4	0.83	0.8	0.75	0.87	4.48
年平均降水量(mm)	年平均雨水资源量(万 m^3)	年最多降水量(mm)	年最多雨水资源量(万 m^3)	年最少降水量(mm)	年最少雨水资源量(万 m^3)
520.8	122	863.4	202	311.2	73

(11)和顺县县城雨水资源潜力估算

和顺县县城 2011 年人均水资源量达到 1 139 m^3,为晋中市 11 个中小城市中人均水资源量最多的县城,已在国际中度缺水标准范围内,但比重度缺水标准只多 139 m^3,应仍属重度缺水地区。同时,因降水量为全市最多,故雨水资源量也是最丰富的。和顺县县城可收集利用的雨水资源量见表 2.14。

表 2.14 和顺县县城可收集利用的雨水资源量

建成区面积 $A_0(km^2)$	不透水地面比率 δ	平均径流系数 ψ	季节折减系数 α	初期弃流系数 β	集雨面积 $A(km^2)$
5.5	0.82	0.8	0.75	0.87	4.51
年平均降水量(mm)	年平均雨水资源量(万 m^3)	年最多降水量(mm)	年最多雨水资源量(万 m^3)	年最少降水量(mm)	年最少雨水资源量(万 m^3)
549.0	129	1 069	252	325.5	77

由表 2.14 可见,和顺县县城年平均可收集利用的雨水资源量为 129 万 m^3,年最多降水量时可收集利用的雨水资源量为 252 万 m^3,年最少降水量时可收集利用的雨水资源量为 77 万 m^3。由此表明,和顺县县城的雨水资源比较丰富,开发利用的潜力很大。

从上述雨水资源潜力分析看出,晋中市 11 个中小城市雨水资源量是非常可观的。

全市历年平均降水量为 476.8 mm,11 个中小城市年平均可收集利用的雨水资源量达 2 968 万 m^3,几乎相当于子洪、石匣两座中型水库的年平均蓄水量(分别为 1 500 多万和 1 600 多万 m^3);年最多降水量时 11 个中小城市可收集利用的雨水资源量达 4 660 万 m^3,比云簇水库常年蓄水量(4 500 多万 m^3)还多;年最少降水量时可收集利用的雨水资源量为 1 585万 m^3,也差不多相当于石匣水库的常年蓄水量。

以上说明,晋中市 11 个中小城市雨水资源化开发利用的潜力巨大,如能全部开发利用起来,将是一笔无价的财富,对晋中市的城镇化建设将起到无可估量的促进和推动作用,具有重要的战略意义。

2.2.3　城市雨水资源化利用的技术、经济可行性分析

所谓雨水资源化就是在降水过程中,人们为了满足某种需求,通过规划和设计,采取相应的技术措施改变雨水资源的转化途径,这种使雨水资源的分配方式和转化途径改变而产生社会、经济、环境效益的过程,称为雨水资源的人为利用,也就是雨水资源化。

解决城市重度与极度缺水问题应当遵循"节流、开源、保

护并重,以节流为主"的指导思想。关于节流问题,近年来,在大力开展"节水城市"活动中,城市工业、生活节水取得了很大成效,同时,在水资源保护、污水处理及改善水环境等诸方面都实施了多项措施,也取得了显著成效。在水资源开源方面,晋中市 11 个中小城市基本上都把重点放在了河系水库引水上,平川各城市也利用了黄河调水。无论建水库引水还是调引黄河水,都存在耗资大且涉及生态环境、社会经济、城乡安危等许多因素。而只有雨水资源化利用是既省钱、省工,又成效显著的开源途径。

(1)城市雨水资源化利用的技术可行性

国内外实践证明,城市雨水资源化利用是行之有效的。特别是在一些发达国家及我国的北京等城市,已经积累了丰富的经验与成熟的技术,具有广泛推广的可行性技术。

雨季收集降水径流并将雨水资源化处理,用于绿化浇水、景观用水、道路洒水、景湖补水以及冲厕、洗车等用水,利用透水地面及建增渗坑、井等生态池拦蓄雨季雨水、渗透回补地下水,减轻暴雨径流引发的洪灾,从而实现地上水与地下水合理调配,改善水环境和生态环境。

(2)城市雨水资源化利用的经济可行性

城市雨水资源化利用是一项兴利除害的公益事业,不仅具有明显的环境生态效益、社会效益,还具有显著的直接与间接经济效益,其经济可行性体现在如下三个方面:

其一是可以节省巨额市政投资。如在小区、机关、学校、企业、部队等普遍建立雨水利用工程,拦蓄利用了大部分雨水径流,即可减少需由政府投入的用于大型污水处理厂、收集污水管线及扩建排洪等设施的巨额资金;把不透水地面的雨水就近收集并回灌地下,即可减少降大雨、暴雨时溢流的污水,既改善了城市水环境,也大大减轻了污水厂负荷,提高了污水处理效果;建立的雨水蓄水池和分散的坑、井、渗渠系统,可将大量雨水回灌渗入地下,不仅降低了城市洪涝灾害的压力,还减轻了封闭路面下排水管网的负荷。

其二是节省市政用水和居民用水的费用。城市雨水资源化利用设施一次性投资建成后,其运行费用非常低廉,比如石家庄市使用 $1\ m^3$ 自来水的年平均运行费用(包括污水处理费等)为 2.6 元,而利用 $1\ m^3$ 雨水的运行管理费和小区用水费等都计算在内,年平均运行费用还不足 0.1 元,只有自来水的约 1/30。可见,雨水利用的经济效益是十分突出的。

其三是雨水资源化利用具有良好的产业发展前景,并可形成新的经济增长点。西方发达国家雨水收集利用的经验证实,雨水资源化利用的市场前景巨大。收集利用雨水工程,可借用基础设施投资,以拉动经济增长;雨水与中水利用的设备产业可以吸引民间资本进入,从而形成一个吸引民间资本的新产业;新产业形成又可促进和推动经济增长、吸纳就业、促进城镇化发展,同时,也减少了政府的财政投入;随着社会的发展进步、人民大众环保意识的增强,以及对雨水资源化利用兴利除害理念的树立,晋中市城乡广大公众都会意识到在重度缺水与极度缺水的严峻形势下,雨水资源化开发利用将对城市发展起到重要的水资源补源作用;如果雨水资源化利用能够在设备生产、设施建设、运行管理和中水利用等方面形成一个成熟的产业链,就能发展成一个利润丰厚的新型产业。

3 国内外城市雨水利用概况

3.1 国外城市雨水利用概况

城市雨水利用是从 20 世纪 60 年代开始,80—90 年代发展起来的。目前,世界上很多国家已经认识到了雨水利用的价值,尤其是近年来,世界各地悄然掀起了雨水利用高潮,采用各种技术、设备及措施进行雨水利用、控制和管理。德国、法国、英国、意大利、美国、墨西哥、印度、以色列、日本、泰国、苏丹、澳大利亚等 40 多个国家和地区,已经开展了不同规模的雨水利用、管理、研究和应用。

3.1.1 德国的雨水利用

德国是欧洲开展雨水利用工程最好的国家之一。20 世纪 80 年代就对城市雨水利用进行研究、实践,目前,城市雨水利用已经进入设备化、标准化、产业化阶段,市场上已大量存在雨水收集、过滤、储存、渗透等产品。其城市雨水利用主要有三种方式:一是屋面雨水收集系统,并颁布了《屋面雨水利用设施标准》;二是雨水截污与渗透系统;三是生态小区雨水利用系统。在雨水收集利用方面,还制定了一系列法律法规,规定在新建小区之前,无论工业、商业及居民小区,都必须设计雨水利用设施,如果没有雨水利用措施,政府要征收雨水排放设施费和雨水排放费。

在德国,已普遍利用公共雨水管收集雨水,采用简单处理措施后,达到杂用水标准,即可用于街区公寓冲厕及庭院浇洒。例如:柏林的一个建于 20 世纪 50 年代的公寓,经改扩建后居民大增,而屋顶面积却只少量增加,通过采用新卫生措施与雨水收集相结合,实现雨水的最大收集。从屋顶、周围街道、停车场及通道收集雨水,经过雨水管道进入地下储水池(容积 160 m^3),简单处理后,用于冲厕和浇洒庭院,平均每年节省饮用水 2 430 m^3。

3.1.2　美国的雨水利用

美国的雨水利用多以提高天然入渗能力为目的。如加州富雷斯诺市的"Leaky Areas"地下回灌系统,10 年(1971—1980 年)间雨水回灌地下水总量达 1.338 亿 m^3,平均年回灌量占该市年用水量的 20%。再如芝加哥市,兴建了 3 个地下隧道蓄水系统,以解决城区防洪和雨水利用问题。在其他很多城市建立了屋顶蓄水及由入渗池、井、草地、透水地面组成的雨水回灌系统等。

美国不但重视雨水利用的工程措施,而且制定了相应的法律法规予以保障和支持。比如科罗拉多州和佛罗里达州(1974 年)、宾夕法尼亚州(1978 年)就分别制定了雨水管理条例,条例规定了新开发区的暴雨洪水流量标准,所有开发区必须实行强制"就地滞洪蓄水"。

3.1.3　丹麦的雨水利用

丹麦 98%以上的供水是抽取地下水。但由于地下水的过度开采,水资源消耗过量,必须寻找可替代的水源,以减少地下水的过度消耗。在城市城区从屋顶收集雨水,收集到的雨水经过收集管底部的预过滤设备,进入储水池储存起来。使用时利用泵经进水口的浮筒式过滤器过滤后,用于冲厕所和洗衣服。在 7 个月(7 月—翌年 1 月)的雨季里,从屋顶收集起来的雨水量,就能满足冲洗厕所的用水量,而洗衣服的用水量只需收集 4 个月的雨水即可以满足。丹麦从屋顶收集的最大年降水量为 2 290 万 m^3,相当于其饮用水生产总量的 24%。一般每年从居民屋顶能收集雨水 645 万 m^3,如用于冲厕、洗衣,可占居民冲厕、洗衣实际用水量的 68%,相当于居民总用水量的 22%,占市政总饮用水产量的 7%。

3.1.4　日本的雨水利用

从 1963 年开始,日本就兴建滞洪、储蓄雨水的蓄水池,并把蓄水池的雨水用作喷洒路面、浇灌绿地等的城市杂用水。蓄水设施基本上都利用地下空间建在地下,而建在地上的也要尽可能满足多用途,例如在调洪池内修建运动场,雨季时用作蓄水调洪,非雨季时就是运动场。此外,雨水的入渗设施近年来也有迅速发展,修建了许多渗井、渗沟、渗池等入渗设施,这些设施占地面积小,可因地制宜地在楼前楼后修建。1992 年日本颁布了《第二代城市下水总体规划》,正式把雨水渗沟、渗塘及透水地面作为城市总体规划的组成部分,要求新建和改扩建的大型公共建筑群必须设置雨水下渗设施。

总之,发达国家城市雨水利用已经积累了成熟的经验。主要经验是:雨水利用可补充城市缺水已经形成了广泛的公众意识;政府制定了一系列关于雨水利用的法律法规,对大型新建和改扩建项目实行强制措施;建立了完善的由屋顶蓄水和入渗池、井、沟、草地、透水地面等组成的地表回灌系统;收集雨水主要用于冲厕、洗车、喷洒路面、景观用水、浇绿地草坪、浇洒庭院、洗衣服以及回灌地下水等。

3.2 国内城市雨水利用概况

我国真正意义上的城市雨水利用研究与应用开始于20世纪80年代,从90年代起才迅速发展起来。与西方发达国家的城市雨水利用相比,技术还较落后,缺乏系统性,最主要的是缺少法律法规的保障体系。

我国城市雨水利用起步较晚,主要在缺水地区有一些小型、局部的非标准性的应用。但目前大中城市的雨水利用已有良好的发展势头,如北京、大连、哈尔滨、西安、南京等许多大中城市都相继开展了雨水利用的研究和应用。由于缺水形势严峻,北京的雨水资源化利用发展较快。从20世纪90年代初就开展了"北京市水资源开发利用的关键问题之一——雨洪利用研究"课题的研究,提出了北京城区雨洪利用的对策和技术措施,与正在实施的中德两国政府间科技合作项目"北京城区雨洪控制与利用技术研究与示范"相结合,建设了分别代表老城区、新建城区、即将建设区、公园、校园雨洪利用模式的6个示范区和1个试验中心,总面积达60 hm^2。通过试验研究,形成雨水收集与传输、雨洪处理与利用、雨洪回灌补充地下水以及雨洪控制系统等完整的雨洪控制与利用技术体系、工程形式,开发雨洪控制与利用设备,形

成配套技术、管理措施,制定相应法律法规和政策措施等,为
北方城市雨水利用提供技术方法、依据和途径。据北京市水
务局资料显示,北京从 2001 年开始建设雨洪利用工程,截至
2012 年底,已建成雨水利用工程 1 000 余处,分布在政府机
关、事业单位、企业、公园、居民社区和学校等。雨水利用工
程的蓄水能力可达 4 300 万 m^3,年利用雨水约 4 600 万 m^3。
北京的集雨方式主要包括铺设透水路面砖、建下凹式绿地、
建蓄水池等。雨水利用工程不仅有集蓄雨水再利用功能,对
缓解城市排水压力和内涝也具有重要作用。如 2012 年的
"7·21"特大暴雨后调查,凡是建设了集雨工程的地方都是
雨水不外泄,道路径流小,有效缓解了排水管网的压力。最
典型的是香泉环岛雨水利用工程,"7·21"特大暴雨中收集
入渗雨水达 15 万 m^3,没有发生严重积水内涝现象;拥有立体
集雨示范工程的双紫小区,大量雨水通过透水路面砖、下凹
式绿地和屋顶雨水管,汇入建在停车场下的 850 m^3 的蓄水
池,在相邻小区一片汪洋的情况下,双紫小区基本上无太大
积水。此外,北京市除制定雨水利用法规外,对雨水利用工
程建设实行鼓励政策,如对已建小区增设雨洪利用设施的政
府给予补贴,对已建成的封闭式收集雨水池每立方米奖励
500 元等。

　　近年来,我国中小城市的雨水资源化利用发展也很快,
在节水、防洪、生态环境和社会、经济等方面都取得了较好的
效益。建设雨水利用工程普遍的做法有以下几种方式:一是
建筑物屋顶硬化,雨水集中引入绿地、透水路面或引入储水
设施蓄存;二是地面硬化的广场、人行道、庭院等,选用透水
材料铺设,建设汇水设施把雨水引入透水区或储水设施;三

是城市主干道及街路等基础设施,结合沿线绿化灌溉建设雨水利用设施;四是居民小区安装简单的雨水收集和利用设施,把雨水收集起来经过简单的过滤处理即可利用;五是机关、学校、企业等单位因地制宜建储水池,浇绿地,洒院路等。

3.3 山西省城市雨水资源化利用现状

目前,山西省城市雨水资源化利用还处于研究和试验阶段。近年来,一些专家学者发表了多篇有关城市雨水资源化利用的研究文章。例如:李玉珏等在《国土与自然资源研究》杂志 2003 年第 1 期上发表《城市雨水资源化——以太原市为例》论文,提出太原严重缺水,靠超采地下水和节水不能解决根本问题,充分利用雨水资源才能取得很好的经济、生态和社会效益,建议加大投入,强化工程配套,鼓励用水大户自建集雨工程等;《中国经济周刊》于 2007 年 5 月 21 日刊发文章,详述山西缺水之痛、之危;赵洁琳在《山西水利科技》杂志 2010 年第 2 期上发表《山西省城市雨水资源利用分析》论文,针对山西省水资源不足的特点,提出了山西省城市雨水资源利用的必要性,并对几个城市的雨水利用潜力进行了估算,针对城市雨水资源收集、处理和利用技术发表了独到见解;刘娜在《海河水利》杂志 2013 年第 2 期上发表《城市雨水资源化利用策略——以太原市为例》文章,论述了随着城镇化进程加快,缺水已形成城镇发展瓶颈,而且大面积硬化地面改变了雨水的自然下渗,导致城市雨洪灾害加重,因此,城市雨水资源化利用越来越受到关注,并提出了雨水利用的规范、标准、工程措施等策略。还有不少相关论文,这里不一一介绍了。

　　在城市雨水利用方面，省城太原已开始起步。2006 年，太原钢铁（集团）有限公司投资 3 000 万元，开启了太原市较大规模雨水利用工程的先河。同时，太原机场大道在工程设计中把雨水利用作为重点项目建设。2010 年，太原市完成了东山龙观天下和星河湾两个雨水利用试点小区的建设，在项目建设之初就将雨水收集利用系统纳入整体规划。小区的雨水收集系统分两部分，分别为地面雨水收集渗透和屋面路面雨水、绿化带及水池边盲沟雨水收集。自从 2010 年小区雨水收集利用系统投入使用后，已经表现出非凡的功效。如东山龙观天下小区，在院子最低处建设了一个 150 m³ 的大储水井（池），每幢楼房屋顶和路面都建有专门收集雨水的管道，雨水通过管道及地面渗水井、透水砖，经过滤流入大储水井（池）里，整个小区的雨水收集系统每年可收集雨水约 5 000 m³，基本上满足了浇树浇花、灌溉绿地、冲洗路面等用水，既节省了自来水，又可节省水费近 2 万元。特别是 2012 年汛期，太原连降暴雨，几乎所有的居民小区都有不同程度积水，被网络调侃"欢迎来太原看海"，而唯有东山龙观天下、星河湾两个雨水利用试点小区没有积水的痕迹，其防洪功效十分突出。

　　此外，太原市长风西大街第三标段一处，还首次将雨水收集系统引入道路修建之中，所收集雨水通过疏导喷淋系统，直接浇灌道路绿化带。

　　山西省各市的城市雨水资源化利用，除大同市在龙园小区进行了雨水利用试点和晋中市在道路修建中的雨水与污水分流工程外，其余 8 市尚无关于雨水资源化利用的信息。

3.4 晋中市城市雨水资源化利用现状

2006 年,晋中市气象局向晋中市政府报送了《关于晋中市城区地下管网改造等基础设施建设须与雨水利用相结合的建议》(以下简称《建议》),市政府非常重视,立即批转市建设局。市建设局在城区市政重点工程的规划、设计、建设中,充分考虑了《建议》中提出的"在市政管网改造中将雨水、污水分流,给雨水资源化利用创造条件"的建议,在市政管网一期工程改造和道路工程建设中,投资 2.2 亿元实施了新城四路(包括纬一街、纬四街、经四路、经五路)全长 1.1 万 m 的雨污分流;思凤街管网改造工程实施雨污分流;蕴华东街管网改造工程实施雨污分流;顺城街管网改造工程实施雨污分流;环城西街雨污分流干管工程等,使晋中市城区南部及西部下游主管网均实现了雨污分流。在进行旧城区管网改造的同时,城区新建道路全部按雨污分流格局规划推进实施。北部新城的路网,迎宾街向西延长段、龙湖街向西延长段、蕴华东街道路排水系统在建设过程中一次到位实现雨污分流。2008 年,和顺县将供气管网、雨污分流管网同时建设,成为继晋中市城区之后第二个实施雨污分流工程的县城。

截至目前,晋中市城区(榆次区)雨污分流管网改造工程在全省领先。这些雨污分流工程的实施给雨水收集利用创造了条件,但仍只停留在雨污分流上,并未将雨水收集利用。因此,晋中市的城市雨水资源化利用还处于未起步阶段。

4 晋中市城市雨水资源化利用技术试验

4.1 试验的必要性和紧迫性

晋中市城镇化进程呈加速度发展,特别是晋中市城区(榆次区)2010—2012 年的城镇人口和城区建成区面积均呈猛增态势。如榆次区城镇人口:2010 年为 44.4 万人;2011年增至 45.9 万人,增加了近 1.5 万人;2012 年又增至 47.1万人,比 2010 年增加了 2.7 万人。同期,榆次区城区建成区面积增速更快:2010 年为 39.14 km²,2011 年增至 43 km²,增加了 3.86 km²;到 2012 年达到了 50 km²,比 2010 年增加了10.86 km²。其余 10 个县(市)的城镇人口和城区建成区面积增速都较快(见表 4.1)。

表 4.1 说明,自 2010 年到 2012 年的 2 年内,全市城镇人口增加了 12.64 万人,城区建成区面积增加了 17.92 km²。而水资源总量却呈下降趋势,尤其是地下水资源超采量随着城区扩大、人口骤增、供水量不断增加而增加。平川各地均出现了因地下水过度超采而又得不到有效补充,造成地下水位持续下降,形成了范围不等的多个地下水降落漏斗区,其中:榆次区以液压件厂为中心的漏斗区和介休市以宋古、三道河为中心的漏斗区最为突出(见图 4.1 和图 4.2);由于城区不透水面积不断扩大,地下水又得不到补充,致使城区含

表 4.1 2010—2012 年晋中市各市县城镇人口、城区建成区面积

人口、面积 市县名	城镇人口（万人）			城区面积（km²）	建成区面积（km²）		
	2010 年	2011 年	2012 年		2010 年	2011 年	2012 年
晋中市城区	44.4	45.9	47.1	53.4	39.14	43	50
介休市	23.23	24.11	24.91	40	17.55	17.55	17.55
太谷县	11.6	11.98	12.48	15.6	12	13.34	13.9
祁 县	8.11	8.56	9.1	16.91	12.05	12.05	12.05
平遥县	17.21	18.13	19.07	17.06	13.56	13.56	13.62
灵石县	11.17	11.72	12.23	9.35	5.17	5.7	5.86
寿阳县	6.24	6.60	7.05	15.73	6.93	10.72	10.72
昔阳县	5.98	6.35	6.88	10.8	4.78	4.85	4.9
和顺县	5.6	5.84	6.09	12	5.5	5.5	5.5
左权县	5.86	6.15	6.43	7.36	4.9	5.4	5.4
榆社县	3.99	4.22	4.49	9	7.5	7.5	7.5
全 市	143.18	149.57	155.82	207.21	129.08	139.17	147

水疏干体积也不断增大,疏干比达 50% 以上,已明显超过了"潜水水位最大允许降深为天然含水层 1/2"的极限;同时,全市的人均水资源占有量也不断减少,从全市第二次水资源评价的人均水资源量的 367 m³,减少到 2011 年的 360 m³。

晋中市 11 个中小城市均重度和极度缺水已是公认的不争事实,寻找水源更是历届各级政府的重要任务,如投巨资修建水库、引黄河水等来解决城乡缺水问题。然而却忽视了廉价且宝贵的雨水资源这一天然水源。综合表 2.4 至表 2.14(2 个市和 9 个县城)可收集雨水资源量(见表 4.2)可以看出,全市 11 个中小城市的雨水资源量非常可观,在重度和极度缺水的现实情况下,采取积极措施,把宝贵的雨水资源收集利用起来,是刻不容缓的紧迫需求,这不仅可以成为水资

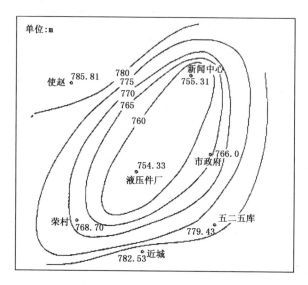

图 4.1　2011 年榆次区城区地下水降落漏斗区水位等值线图

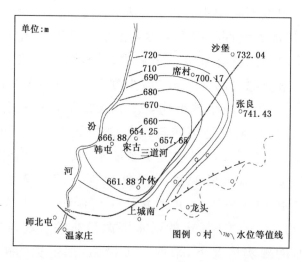

图 4.2　2011 年介休市地下水降落漏斗区水位等值线图

表 4.2 晋中市 2 个市城区和 9 个县城的雨水资源量估算

市县名	建成区面积（km²）	不透水地面比率 δ	径流折减弃流系数 $\psi \times \alpha \times \beta$	集雨面积 A（km²）	年平均降水量 H（mm）	平均雨水资源量（万 m³）	年最多降水量（mm）	年最多雨水资源量（万 m³）	年最少降水量（mm）	年最少雨水资源量（万 m³）
晋中市城区	50.0	0.81	0.556 8	40.5	401.8	906	601.5	1 356	201.0	453
介休市城区	17.55	0.81	0.556 8	14.22	465.5	369	732.4	580	263.5	209
太谷县县城	13.9	0.82	0.556 8	11.4	423.8	269	621.4	394	219.0	139
祁县县城	12.5	0.82	0.556 8	10.25	416.1	237	587.7	335	243.9	139
平遥县县城	13.62	0.83	0.556 8	11.3	410.1	258	679.1	427	224.9	142
灵石县县城	5.86	0.85	0.556 8	4.98	483.7	134	727.0	202	273.5	77
寿阳县县城	10.72	0.80	0.556 8	8.58	491.2	235	806.2	385	235.3	112
昔阳县县城	4.9	0.83	0.556 8	4.1	540.6	123	995.7	227	242.3	55
和顺县县城	5.5	0.82	0.522 0	4.51	549.0	129	1 069.0	252	325.5	77
左权县县城	5.4	0.83	0.522 0	4.48	520.8	122	863.4	202	311.2	73
榆社县县城	7.5	0.82	0.556 8	6.15	542.4	186	876.1	300	317.2	109
全 市	147.45	0.82	0.553 6	120.9	476.8	2 968	778.1	4 660	259.8	1 585

源的另一个水源,可以补充水资源的严重不足,而且对改善城市水环境和生态环境会起到更为显著的作用。因此,对晋中市城市雨水资源化利用的技术研究是全市水资源开源节流的紧迫需求,也是实施城市雨水资源化利用必须首先解决的技术问题。

4.2　技术试验

雨水作为一种极有价值的水资源,对晋中市 11 个严重缺水的中小城市来说,其开发利用具有重大的现实意义和战略意义,尤其对城市雨水资源化利用的技术研究愈显重要。以下从技术研究的思路、内容,试点小区、庭院雨水收集利用工程及其工程效益等方面进行积极的探索。

4.2.1　试验方案

(1)试验的主要思路

从山西省委、省政府提出的"举全省之力,实施兴水战略",把解决全省水资源问题放在突出的战略位置的战略决策出发,把晋中市城市雨水资源化利用作为兴水战略的重要一环,把雨水资源当作城市的一个新水源,确立利用在先、排放在后的理念。借鉴国外发达国家的成熟技术和国内大中城市雨水资源化利用的技术方法和经验,结合全市 11 个中小城市的实际情况,以试点形式进行本地化城市雨水资源利用试验研究。

(2)试点试验的主要内容

试点试验的主要内容:一是把地面积水洪流拦蓄储存或

入渗地下。在试点单位、居民小区、大型公共场所建设具有一定规模和可拦蓄大部分雨洪的地下或地上蓄水设施以及下渗井或沟坑、自然下渗绿地草坪、庭院蓄水设施等雨洪收集利用系统工程;二是试点雨水收集利用系统工程的效益分析。

(3)试点试验方案

截至 2004 年,晋中市 11 个中小城市的雨水资源化利用均尚未起步。虽晋中市及和顺县县城有部分街路建成了雨、污分流管网,但仍为雨洪排放,并无收集利用设施。从各城市的现实情况分析,城市雨水资源化利用还存在不少瓶颈问题,大致归纳起来有三点:一是观念问题,人类自古以来就对雨水持放任自流态度,在城市更是把雨水当成祸水,千方百计设法排除掉,这已是千百年来形成的根深蒂固的思维观念定势,对雨水为资源并收集利用还缺乏认同意识;二是经济考量估算不清,对雨水资源化利用的经济、社会和生态效益,以及投入与产出等没有算清经济账,也缺乏从长计议评估;三是市、县各级政府对城市雨水资源化利用缺乏认识和支持,没有形成政府行为等。

从上述实际情况出发制定试点实施方案需注重以下方面:

一是首先需征得科技主管部门的支持,解决部分试点研究经费问题。2005 年年初,由晋中市气象局、晋中市建设局的科技人员联合向山西省科技厅呈送了"雨水资源在城市节水和防洪中的开发利用研究"课题项目申请,得到批准并拨给了课题研究经费。省科技厅的大力支持,使课题试点研究得以顺利实施。

二是城市雨水资源化利用需从观念上克服普遍存在的

矛盾:说起来都说雨水确实是重要的资源,但却看着大量宝贵的雨水白白流走或排放掉;都能深切地感受到城市严重缺水、环境干旱,但却对雨洪成灾、街路积水怨声载道;明明知道地下水严重超采已引起地面沉降并已形成多个地下水降落漏斗区,但却与日俱增地扩大城市硬化土地,使雨水难以下渗补充地下水等。这些观念性矛盾不解决,城市雨水资源化利用就难以实施。

三是选定试点要具备以下条件:试点单位要得到领导对试点建设的支持;居民小区试点要有多数居民理解和支持,并争取社区领导的支持;庭院试点应选户主对雨水收集利用有兴趣、有积极性等。

四是制定试点试验方案:由上述城市雨水资源化利用存在的实际问题和试点选定条件,经对晋中市城区的实地考察,制定如下试点研究方案:

1)试点选定:由于条件限制,只能在榆次区城区选试点研究。从便于推广出发,选 9 个类型试点,分别为:在老城区、新建城区、工业园区各选 1 个居民小区作为小区雨水收集利用试点;选晋中市政府、榆次二中、晋中市气象局等 3 个机关、学校和单位作为大院雨水收集、储存、利用试点;选平房庭院、低层楼房(6 层以下)庭院、高层楼房庭院各 1 处,作为庭院雨水收集利用试点。

2)试点雨水收集利用系统建设:主要包括雨水收集——屋面雨水收集、硬化地面雨水收集、初期弃流、雨水调控排放等;雨水入渗设施(下凹式绿地、增渗井、透水铺装等);雨水储存与回用——储存设施(地下储水井、池和地上储水池)、雨水供水系统、储供水系统控制等。

3)试点内降水状况:历年平均降水量、年最大降水量、年最小降水量、降水的季节分布、降水强度分析等。

4)试点内地形特点分析,地质和土壤结构调查,设施位置优选等。

5)试点内降水径流系数、地方参数的评估、统计、计算等。

6)试点雨水收集利用的社会、经济、生态效益分析与评估。

7)根据试点实践,提出晋中市城市雨水资源化利用的经济政策建议和管理政策建议。

4.2.2　试点小区雨水收集利用

按照上述方案需选 3 个类型居民小区和 3 个类型机关单位试点,进行示范性试点雨水收集利用试验,但因经费等原因,只能选择一个新建的小区,结合其基建项目进行雨水收集利用系统建设。本研究项目于 2005 年批准,恰遇新建晋中市空中水资源开发利用工程和市气象局住宅小区,随即选定该新建工程及住宅小区为雨水资源化利用试点并展开研究。由于晋中市气象局领导的大力支持,该大院及小区的整体设计和施工,都是结合小区雨水收集利用的设计方案进行统一施工、统一验收的。

晋中市空中水资源开发利用工程与市气象局住宅小区的全部工程于 2006 年建成,雨水收集利用设施也同时建成,并于当年开始进行小区雨水资源化利用试验。

(1)试点小区的基本情况

晋中市空中水资源开发利用工程(即晋中市气象局业务

楼)与职工住宅小区大院,位于晋中市城区东外环与迎宾东街交叉口的西北角。大院内地势平坦,布局规整,呈规则的长方形分布,小区具体布局详见图 4.3,东西长约 150 m,南北宽约 134 m,占地总面积 2.01 万 m^2,其中:

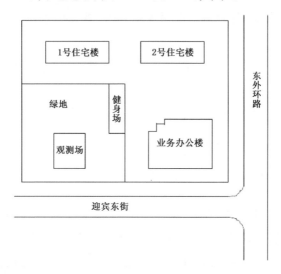

图 4.3　晋中市气象局小区具体布局示意图

建筑物屋(楼)面面积:业务办公楼楼顶屋面为铺瓷砖平屋面,屋面东西长 40.2 m,南北宽 31.1 m,面积为 1 250.22 m^2;1 号、2 号两幢住宅楼屋面均为沥青平屋面,1 号住宅楼面积为 14.4 m×71.6 m=1 031.04 m^2,2 号住宅楼面积为 14.4 m×67.2 m=967.68 m^2,总计铺瓷砖屋面、沥青屋面共 3 248.94 m^2。

混凝土路面面积:包括两幢宿舍楼四周、中心(业务办公)楼四周、道路、健身器材场地等,共计 7 275 m^2。

景观水面面积:办公楼北面地上雨水蓄水景观池水面面积 274.4 m^2、南面地上雨水蓄水景观池水面面积 128.2 m^2,

合计 402.6 m^2。这些景观水面与大院建筑物有机结合,形成了别具特色的气象水文化景观。

绿带、草坪面积:气象观测场草坪面积为 666.7 m^2,气象观测场环境保护草坪及院路傍绿带面积为 8 506.8 m^2,合计为9 173.5 m^2。

表4.3给出了晋中市气象局小区内建筑物、道路、草坪和绿带及其他设施的分布面积。图4.4为各类型地面的分布比例。

表 4.3　晋中市气象局用地类型分布面积

用地类型	建筑物屋面	混凝土路面	水面	绿带、草坪	合计
分布面积(m²)	3 248.94	7 275	402.6	9 173.5	20 100
占地比例(%)	16	36	2	46	100

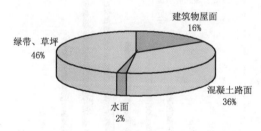

图 4.4　各类型地面的分布比例

(2)试点小区的降水情况

历年(1954—2012 年)平均年降水量 421.1 mm,年际变化见图4.5。由图4.5可见,降水量最多为 1954 年的 708.3 mm;降水量最少为 1997 年的 200.9 mm。

降水量的月际分布见图4.6。可以看出,全年降水主要集中在 6—9 月,降水量达 293.7 mm,占全年降水量的 69.7%。

一日最大降水量为 85.2 mm(2009 年 7 月 8 日),该日 24

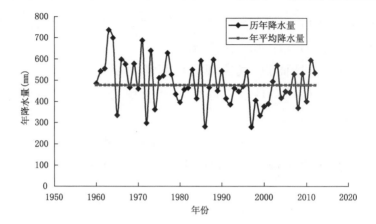

图 4.5　1954—2012 年晋中市城区历年降水量变化曲线

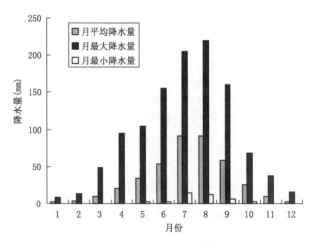

图 4.6　晋中市城区历年各月平均、最大、最小降水量分布图

小时降水强度分布见图 4.7。

（3）试点小区雨洪利用技术体系的必要条件设定

试点小区雨水利用体系需设雨水收集回用、雨水入渗及调蓄排放 3 个部分设施，并需满足如下要求：

雨水收集回用：要设雨水收集、储存、处理及回用等设

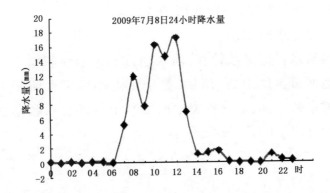

图 4.7 晋中市城区一日最大降水量的 24 小时降水分布

施；雨水收集利用不得对土壤环境、植物生长、地下水水质、室内外环境卫生造成负面影响甚至危害。

雨水入渗：雨水入渗场所要对土壤种类及相应渗透系数、地下水动态做详细勘察；入渗土壤渗透系数须达到10^{-6}～10^{-3} m/s，渗透面距地下水位大于 1.0 m；入渗场所不得对自然环境、居住环境造成不利影响甚至危害。

调蓄排放：雨水利用设施规模必须达到建设用地外排雨水设计流量小于或等于建设前的水平，重现期至少为 2 年；没有雨水利用设施的建设用地应设雨水外排设施等。

（4）试点小区雨水径流计算

根据《建筑与小区雨水利用工程技术规范》，试点小区雨水设计径流总量、设计暴雨强度、设计降雨历时分别以如下公式计算：

1）雨水设计径流总量按下式计算：

$$W = 10\psi h F \tag{4.1}$$

式中：W 为雨水设计径流总量，m^3；

ψ 为雨水径流系数；

h 为降雨厚度,亦即降雨的绝对量,mm;

F 为汇水面积,hm²。

2)雨水径流系数计算:雨水通过的汇水面积是由各种性质的地面覆盖所组成,所以,整个试点小区汇水面积上的平均径流系数 ψ_{av} 值是按各类地面面积上的径流系数用加权平均法计算出来的,计算公式为:

$$\psi_{av} = \frac{\sum F_i\psi_i}{F} \qquad (4.2)$$

式中:F_i 为汇水面积上各类地面面积,10^4 m²(hm²);

ψ_i 为相应于各类地面的径流系数;

F 为全部汇水面积,10^4 m²(hm²)。

试点小区各类性质的地面雨水径流系数 ψ_i 见表 4.4。

表 4.4 试点小区各类地面面积及采用 ψ_i 和 ψ_m 值

地面性质类别	面积(10^4 m²)	采用 ψ_i 值	采用 ψ_m 值
干砌瓷砖屋面、沥青屋面	0.325	0.9	1
混凝土路面	0.728	0.9	0.9
绿带、草坪	0.917	0.15	0.25
水面	0.04	1	1
合计	2.01		

试点小区内的平均径流系数 ψ_{av} 值计算如下:

$$\psi_{av} = \frac{\sum F_i\psi_i}{F}$$
$$= \frac{0.325 \times 0.9 + 0.728 \times 0.9 + 0.917 \times 0.15 + 0.04 \times 1}{2.01}$$
$$= 0.56$$

3)雨水设计流量按下式计算:

$$Q = \psi_m q F \qquad (4.3)$$

式中:Q 为雨水设计流量,L/s;

ψ_m 为流量径流系数(见表 4.4);

q 为设计暴雨强度,L/(s·hm^2);

F 为全部汇水面积,10^4 m^2(hm^2)。

4)设计暴雨强度按下式计算:

$$q = \frac{167A(1+c\lg p)}{(t+b)^n} = \frac{880(1+0.86\lg p)}{(t+4.6)^{0.62}} \qquad (4.4)$$

式中:p 为设计重现期(3 a);

t 为降雨历时,min;

A,b,c,n 为试点小区降雨参数。

5)设计降雨历时按下式计算:

$$t = t_1 + m t_2 \qquad (4.5)$$

式中:t_1 为汇水面汇水时间(min),采用 6 min;

m 为折减系数,取 m=1;

t_2 为管渠内雨水流行时间(min),屋面雨水收集降雨历时取 5 min。

依式(4.1)计算试点小区平均、年最大、年最小雨水径流总量:

历年平均降雨量 421.1 mm

$W_{平均} = 10\psi h F = 10 \times 0.56 \times 421.1 \times 2.01 = 4\,740$(m^3);

年最大降水量 601.5 mm

$W_{最大} = 10\psi h F = 10 \times 0.56 \times 601.5 \times 2.01 = 6\,770$(m^3);

年最小降水量 200.9 mm

$W_{最小} = 10\psi h F = 10 \times 0.56 \times 200.9 \times 2.01 = 2\,261$(m^3)。

(5)试点小区雨水收集利用技术体系设计

1)屋、路面雨水收集设施设计

小区屋面均采用对雨水无污染或微污染建材设计。业务办公楼大厅拱顶为玻璃材质盖顶,屋面采用瓷砖铺设,为无污染屋面,面积为 1 250.22 m²;1 号、2 号住宅楼屋面采用 SPS 材料铺设,为微污染屋面,面积为 1 998.72 m²。路面(包括住宅楼四周、业务办公楼周边及北、西院停车场)从雨水收集利用出发,全部是混凝土铺建设计,面积 7 275 m²。屋面、路面雨水收集系统设计均为独立设置,与污水、废水排水设置不连接。考虑到试点小区内机动车流量较小,屋面、路面比较清洁,污染物主要是枯草、树叶、纸屑等物质,基本没有悬浮固体、重金属、无机盐等毒性物质,故收集雨水系统采用屋面雨落管、路面算井,将雨水导入雨水收集管道,经初期弃流后直接流入蓄水池内。

屋面雨落管进水口装有标准的雨水斗装置,落地出水口与算井连接,见图 4.8。

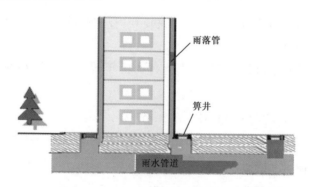

图 4.8　屋面雨落管与算井连接

路面雨水直接流入单算井内,单算井与双算井、砖砌抹面井连接,双算井设有拦截初期径流中的枯草、树叶、纸屑等装置,见图 4.9。

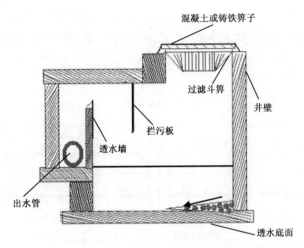

图 4.9 拦截初期径流的双算井

　　双算井即雨水口,其拦截初期径流杂污物的原理是:雨水径流由雨算子将初期径流中较大的杂污物拦截后流进算子下的过滤算(斗),过滤算底是封闭的,雨水从侧算(侧算缝隙宽 10 mm 左右)先流入井的前部空间内,如径流量小于井的容积时,全部截流在井内由下部透水底面渗入土壤而自然排空;当雨水径流量大于井容积时,雨水充满井后,后期径流经拦污板二次拦污,再经透水墙过滤进入井末端空间,经出水管排出。

　　试点小区整体雨水收集系统,按设计要求于 2006 年随着空中水资源开发利用工程和市气象局住宅楼工程的完工而建成。雨水收集管道选用环保型新超 PE 双壁波纹塑料管,集雨主管道直径 200～300 mm,分管道直径 200 mm,管道总长度 800 m;屋面投影周围及路面共设各种雨水收集算井 103 个,其中单算井(井体 500 mm×600 mm)54 个,双算井(井体1 000 mm×1 000 mm,设有拦截初期径流污物装置)5 个,砖砌抹面井(井体 1 000 mm×1 000 mm)44 个,见图 4.10。

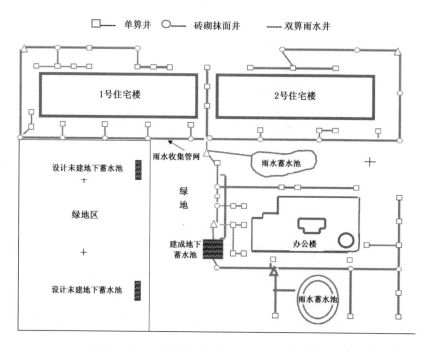

图 4.10　雨水收集算井、管网、蓄水池示意图

　　初期雨水径流弃流设施设计:初期雨水弃流可以去除径流中的大部分污染物,是水质控制的有效技术。据国内城市雨水资源化收集利用的经验和技术研究(潘安君 等,2010),初期雨水弃流装置有多种形式,本试点小区采用小管弃流设计,见图 4.11。

　　小管弃流设施设计,是根据试点小区集雨面积相对较

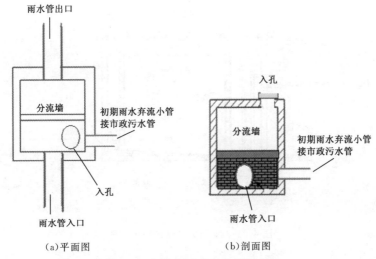

（a）平面图　　　　　　　（b）剖面图

图 4.11　初期雨水小管弃流示意图

大,而且有降雨过程和径流过程均有初期水质差、流量小的特点,短历时降水强度很大的暴雨出现概率较小(2 年一遇),所以,初期雨水弃流设计为分支小管装置,其原理是初期雨水小流量首先通过小管排入市政排水管排出,当径流量超过小管排水能力时,后期径流即进入雨水收集系统。其优点是可自动弃流,减少切换运行中操作的不便;缺点是在降雨强度较小而降雨量大时弃流量会有所加大,减少了雨水收集量。

蓄水池设计:

地下蓄水池:设计为长方体。容积为 $7.0 \text{ m} \times 2.2 \text{ m} \times 3.9 \text{ m} = 60.06 \text{ m}^3$,其结构设计见图 4.12。

地下蓄水池为钢筋混凝土结构,由池壁、池底、池顶、泵坑、水泵、爬梯、进水口、出水口、检查井等组成。地下蓄水池为储存回用雨水使用,储蓄的雨水是经过初期雨水径流弃除、沉淀

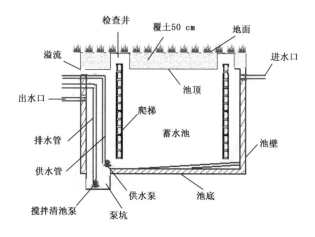

图 4.12　地下蓄水池结构示意图

过滤等初步处理后的雨水,用于浇灌绿地草坪,喷洒院路,以及洗车等。地下蓄水池的检查井口、墙梯和地上检查井口盖、通气孔见图 4.13。

　　（a）检查井口、墙梯　　　　（b）地上检查井口盖及双弯曲通气孔

图 4.13　地下蓄水池检查井口、墙梯及地上检查井口盖、双弯曲通气孔

　　地上蓄水池:设计为两个景观型雨水蓄水池,分别位于业务办公楼的南面和北面。

　　楼南的景观造型雨水蓄水池(见图 4.14)容积为:

$$V_{南} = \pi r^2 h = 3.14 \times 6.39^2 \text{ m}^2 \times 0.9 \text{ m} = 115.39 \text{ m}^3$$

其结构见图 4.14 和图 4.15。池壁、池底均为钢筋混凝土结构,池中心设有日晷造型,底壁为瓷砖贴面,蓄水池南面用大正方形气象符号瓷砖铺设,池北、东、西四周为绿地草坪。

图 4.14　楼南景观雨水蓄水池

图 4.15　楼南景观雨水蓄水池环境结构

楼北的景观雨水蓄水池(见图4.16)容积为：

$$V_北 = lyh = 26\ \text{m} \times 8.8\ \text{m} \times 0.8\ \text{m} = 183.04\ \text{m}^3$$

其结构见图4.16。蓄水池整体结构为钢筋混凝土建造，池底为混凝土彩石磨光面，池壁为彩色瓷砖贴面，池周围为绿地花树相伴。

图4.16　楼北景观雨水蓄水池示意图

地下、地上建成的3个雨水蓄水池，共计可蓄雨水358.49 m³，占屋面、路面年平均总径流量2 476 m³的14.5%。但试点小区的降水不仅集中在6—9月，而且降水次数与降水量的年际、月际变率非常不稳定，比如暴雨(日降水量≥50 mm)、大雨(日降水量在25.0～49.9 mm之间)的年出现次数：2006,2007,2008,2010和2011年这5年中均无暴雨，只分别有大雨1,6,1,2和4日次；而2009年则有暴雨2日次，大雨5日次；2012年有暴雨2日次，大雨3日次。如以1日次暴雨60 mm和1日次大雨40 mm计算屋、路面雨水径流量：

$$W_暴 = 10 \times 0.56 \times 60 \times 1.052 = 353.5 (m^3)$$
$$W_大 = 10 \times 0.56 \times 40 \times 1.052 = 235.6 (m^3)$$

则 1 日次降水量 60 mm 暴雨的屋、路面径流量 353.5 m³,基本可以把 3 个蓄水池注满,而 1 日次降水量 40 mm 大雨的屋、路面径流量 235.6 m³,仅为 3 个蓄水池容量的 2/3。依据榆次区降水的特点和规律,已建成的 3 个蓄水池基本上可以满足雨水储存利用的需要。

2)雨水收集入渗回补地下水

蓄雨水入渗的主要作用是:通过蓄水和入渗降低雨水径流量及径流峰值,减轻和避免城市洪涝灾害;通过植被和植被下的土壤过滤提高水质并改善表土的细菌活动;补充地下水。

试点小区雨水入渗设施,主要有下凹式绿地、洼地、草坪砖、渗水井等。

入渗设施设计:

①下凹式绿地入渗设计:小区内所有的绿地、路边绿带、树坑等均低于路面 50~100 mm,基本达到绿地雨水不外溢,并接纳同样面积的路面径流(大部分径流注入雨水集储系统)进入绿地入渗。

②入渗盆状洼地设计:四周斜坡坡度为<45°,表面宽度及深度之比为 8∶1,位置在绿地西南较低处,结构设计见图 4.17。

③草坪砖铺装渗透地面:建在业务办公楼东南院内(停车场),面积 7 m×20 m=140 m²。草坪砖为渗透型地面铺装材料,即有一定形状、空隙的混凝土块,开孔率为 25%,可在孔隙中种草,见图 4.18。

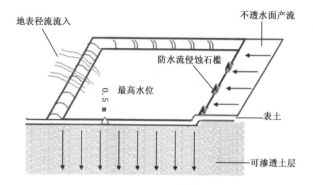

图 4.17　入渗洼地结构示意图

图 4.18　草坪砖停车场

　　草坪砖地面因有草生长,可滞缓径流,净化过滤雨水,调节温、湿度,对重金属等有去除效果等。

　　④渗水井:小区有较好的渗透性土层,适于建渗水井回

补地下水。渗水井建在绿地西侧的西住宅楼南面 60 m 处，其结构设计见图 4.19。

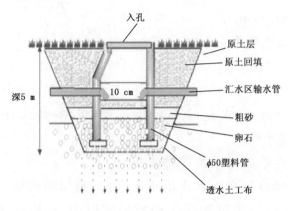

图 4.19　渗水井示意图

渗水井是由绿地超渗雨水（包括屋、路面超蓄所汇集雨水）经管道流入的雨水，通过渗水井下面的透水层渗透到地下深层回补地下水。

渗透量计算：

渗透量计算公式：

$$W_s = \alpha K J A_s t_s \tag{4.6}$$

式中：W_s 为渗透量，m^3；

α 为综合安全系数，取 0.7；

K 为土壤渗透系数，m/s，本小区绿地土壤渗透系数取粉土平均值 3.48×10^{-6} m/s；

J 为水力坡降，取 1.0；

A_s 为有效渗透面积，m^2，本小区绿地渗透面积为 9 174 m^2；

t_s 为渗透时间，s。

以公式(4.6)计算小区有效渗透面积 9 174 m^2 上的 1 小

时渗透量为：

$$W_h = 0.7 \times (3.48 \times 10^{-6} \text{m/s}) \times 1.0 \times 9\ 174\ \text{m}^2 \times 3\ 600\ \text{s}$$
$$= 80.45\ \text{m}^3;$$

1 日渗透量为：

$$W_日 = 80.45\ \text{m}^3 \times 24 = 1\ 930.8\ \text{m}^3。$$

即在 9 174 m² 有效渗透面积上，1 小时的渗透量可纳渗 1 小时 10 mm 降水量；1 日的渗透量，可纳渗 24 小时 80～100 mm 降水量。

3）试点小区雨水调控排放

调控排放是在雨水排出小区之前，利用调蓄池等控制设施，使小区内的雨洪暂滞于调蓄设施以内，按控制流量排放于市政雨水管道。小区的雨洪调控管系安放于西南绿地的地势最低处，与市政雨水管道连接，见图 4.20。

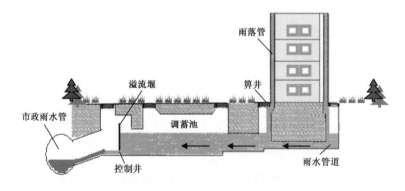

图 4.20　雨洪调控设施示意图

雨洪调控管内径 300 mm，设定流量 0.02 m³/s，12 小时内将小区超蓄超渗雨洪全部排完。

（6）试点小区雨水收集利用设施的使用效果检验

　　试点小区的雨水收集利用设施,于 2006 年随同小区建设工程全部完工而建成。通过 2007—2012 年共 6 年的实际运行检验,证明小区雨水收集利用系统的设计基本合理,建设施工质量良好,雨水利用成效显著。6 年中各年 5—9 月的有效降水(≥0.1 mm,可形成径流)量级日数见表 4.5。

表 4.5　2007—2012 年 5—9 月各量级降水日数

年份	降水日数 (≥0.1 mm) (d)	小雨日数 (0.1～ 9.9 mm) (d)	中雨日数 (10～ 24.9 mm) (d)	大雨日数 (25～ 49.9 mm) (d)	暴雨日数 (50～ 99.9 mm) (d)	1 日最大 降水量 (mm)
2007	33	24	3	6		34.2
2008	31	25	5	1		27.9
2009	27	16	4	5	2	85.2
2010	32	25	4	3		45.4
2011	40	27	8	5		39.7
2012	30	17	8	3	2	71.3
合计	193	134	32	23	4	85.2

　　由表 4.5 可见,6 年的 5—9 月,试点小区共计有效降水达 193 日次,其中:小雨 134 日次,中雨 32 日次,大雨 23 日次,暴雨 4 日次。总计降水量 2 192.3 mm,除去 5% 的无径流降水后为 2 082.7 mm,即小区 6 年内共消纳雨水 41 860 m³,平均每年消纳雨水 6 976 m³。其中,弃流排放 350 m³,蓄水池蓄纳(边蓄边用)1 230 m³,绿地和入渗洼地、入渗井共渗纳达 5 396 m³。6 年中,试点小区的全部雨水除初期弃流的 350 m³ 由市政排污管网排出外,其余雨水均被小区消纳,基本达到了雨水零排放的目标。以 2009 年为例,5—9 月共计有径流(≥0.1 mm)降水 27 日次,其中:小雨 16 日次,中雨 4

日次,大雨 5 日次,暴雨 2 日次。总降水量达 491.1 mm,除去无径流降水 5% 后为 466.5 mm,即小区接纳雨水总量达 9 366 m³,而且有 2 次大雨连降 2 日,1 次日降水量达 85.2 mm 的暴雨,当时城区洪涝灾重,大部分居民小区汪洋一片,而试点小区雨水各归其所,仍保持零排放,小区内路干宅净,环境清秀。

4.2.3　试点庭院雨水收集利用

庭院即分散的户型院落。庭院雨水收集利用是城市雨水利用的重要组成部分,潜力巨大。如果晋中市有 10% 的家庭进行雨水收集并用于冲洗厕所、浇花种菜、清理卫生等,每年即可节省自来水近 20 万 m³,同时,也可减少近 20 万 m³ 雨洪径流量,对改善城区水环境和生态环境具有重大意义。

按照试点研究方案,庭院试点应选平房、低层楼及高层楼 3 个类型的庭院各 1 处进行试验研究并推广,但因与小区试点同样原因,只能选择低层楼户型(有封闭小院)1 处为庭院雨水收集利用试点。庭院试点与小区试点同步进行,均于 2006 年开始试验。

(1)试点庭院的基本情况

试点庭院位于桥东街 231 号小区,该小区有住宅楼 5 幢,其中 3 层楼 3 幢、4 层楼 2 幢。选定试点庭院在 1 号楼(3 层)的 1 单元 1 户和 2 户,为双户型坐北向南的封闭院落。庭院占地总面积 154.2 m²,其中屋顶面积的 1/2(只计算屋面南半部的雨落管集雨范围)为 66.3 m²,占总面积的 43%;小菜园面积(种花、种菜,可直接入渗雨水)39.95 m²,占总面积的 26%;混凝土路面积(包括楼基散水、路及小房等)47.94 m²,

占总面积的 31%。庭院东 50 m 为一幢 2 层小楼;南 30 m 为一个车间,与院面相对高差 2~4 m;西与邻院一墙之隔。庭院环境对雨水收集利用试验无明显影响。

(2)试点庭院的雨水量计算

按照公式(4.1)计算出试点庭院年平均雨水量为 64.9 m^3,其中:屋面径流年平均可收集雨水量为 25.1 m^3,小菜园年平均可纳渗直接降雨量 16.8 m^3 及混凝土路面流入 5 m^3,混凝土路面及小房屋面不可收集利用雨水 18 m^3。亦即庭院内约 72% 的雨水可收集利用,而仅有约 28% 的雨水被弃流排出庭院。

(3)雨水收集装置设计

依据庭院结构特点,雨水收集主要是屋面雨水收集和小块绿地入渗两部分。楼顶屋面雨水收集采用雨落管下安装室外地上封闭式集雨樽调蓄装置(潘安君 等,2010),见图 4.21。

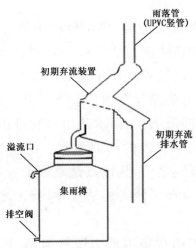

图 4.21 室外地上集雨樽示意图

　　屋面雨水收集系统设计:屋面进水口安装标准的雨水进水斗装置,斗下连接雨落管(UPVC 竖管),雨落管下部接近集雨樽部位安装初期弃流装置(潘安君 等,2010)(见图 4.22和图 4.23)。初期弃流装置连接集雨樽,集雨樽为雨水储存利用装置。

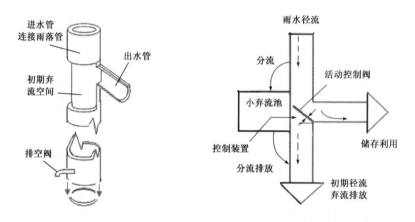

图 4.22　雨落管弃流装置示意图　　图 4.23　高效初期弃流装置原理示意图

　　屋面为沥青烫顶结构,属于轻度污染屋面,屋面雨水径流污染主要集中在降雨初期 1~3 mm 的降雨径流中,初期弃流选择雨落管弃流装置。其弃流原理如图 4.22 和图 4.23 所示,即初期雨水首先滞留在雨落管下部弃流装置的初期弃流空间,当弃流空间灌满后,雨水从出水管排出进入集雨樽,待雨停后排空弃流空间内的初期雨水。雨落管弃流装置亦属高效初期弃流装置之一,其优点是兼顾了容积法及切换式弃流法的优点,并克服了两者的缺点,保持了高控制效率,适合安装在管道上。

　　地上封闭式调蓄集雨樽为塑料制品,物美价廉,经久耐用,非常适合安装于单体建筑屋面雨水集蓄利用和调控排放系统中。试点庭院内安装了两个并联的集雨樽。集雨樽可采用不同的造型和图案,本试点庭院采用圆桶形结构,直径1 200 mm,高1 500 mm,容积1.7 m³,即两个并联集雨樽可容纳1次暴雨级(50 mm降雨量)降水的雨水量,基本可以满足试点庭院收集屋面雨水储蓄之用。

以上屋面雨水收集系统设计,优点是安装简便,施工难度小,维护管理方便;缺点是只适用于有院落的单体建筑屋面,且封闭式调蓄装置须安装在室外,需要占地面空间,水质也不易保障,不具备防冻功效,季节性强,冬季必须停用。

小菜园的雨水收集设计:小菜园位于庭院南面,距楼基墙2.4 m,东西长7.2 m,南北宽5.5 m,整体比混凝土路面低5 cm,北面与路面衔接处有5 cm高挡水堰,挡水堰留有3个2 cm宽的缺口,缺口的作用是:降水量≤20 mm时,路面雨水通过缺口几乎全部流入绿地,使绿地增加近1倍的雨水量;当降水达到20 mm以上时,径流加大,超过缺口排水量的径流即排出院外。经近6年的反复试验,路面雨水平均每年流入绿地8 m³左右。

(4)试点庭院雨水收集利用

一般屋面和路面降水量小于1 mm时不形成径流,≥1 mm时才开始形成径流。据2007—2012年(5—9月)统计,年平均≥1 mm降水日数为31日次,其中暴雨0.7日次、大雨3.8日次,分别只占年平均降水日数的2%和11%,而中雨以下则有26.5日次,占到87%。因此,试点庭院有70%~80%的降水日次雨水被收集利用,其中集雨樽年平均可满蓄(即蓄满、排空为1次)7~8次,累计集蓄雨水20~23 m³即可把屋面雨水径流的 80%～90% 收集起来,用于浇灌花、菜,洗拖布、抹布,冲洗厕所,洗电动自行车等,全年除冬春季(11 月后半月至翌年 4 月末)外,以上用水基本上不用自来水;同期小菜园可将全部自然降水的雨水(包括大雨、暴雨)量(年均 16.8 m³)加上路面流入的雨水量(年均 8 m³)纳渗土壤深层,补充地下水;仅在大雨或暴雨时有 10%～20% 的径流排出院外。

以上说明,庭院雨水收集利用大有可为,尽管试点庭院的条件比较典型,但在晋中市、介休市城区和 9 个县城中都有普遍的代表性,如能广泛推广,将在城市节水及防洪中发挥巨大作用。

4.2.4　试点小区、庭院雨水利用工程效益

(1)工程成本

1)工程净投资

小区雨水收集利用工程项目投资,主要包括建筑工程费、设备购置与安装费等。由于试点小区为新建项目,雨水利用工程并不是独立于小区专门为雨水利用所建设,而是结合小区排水工程而进行建设的,所以,真正用于雨水利用工程的投资,应该是在小区排水工程基础之上所增加的投资,亦即雨水利用工程净投资,包括雨水利用设施及其相关的电气设备、庭院屋面雨水收集设施等。因此,按照雨水利用新增加工程量及建设工程概算定额来计算工程造价,试点小区的雨水利用工程净造价为 31 万元,要比单独建设造价节省 70% 左右。

2)年运行费计算

①清淤费:小区清淤主要是双箅井和地下蓄水池,一般

每年汛期(5—9月)开始前要进行一次清淤,专为雨水利用设施清淤需 2 个工日,按 200 元计。

②运行费:试点小区雨水利用设施运行费,主要是为雨水利用系统提供水源及排污的潜水泵运行所需电费,按年平均启泵 10 次、每次 2.5 h、2 台潜水泵用电 20 度,按 1 度电电费 0.5 元计,年运行电费为 100 元。

③维护管理费:试点小区雨水利用工程维护设施主要是双算井、弃流装置、蓄水池(2 个地上蓄水池为景观池不包括在雨水利用设施维护管理范围)均建在地下,维护管理费仅为巡视检查费,每年按 100 元计。

以上 3 项相加,年总计运行费为 400 元,以小区屋面、路面年平均可收集利用雨水量 4 000 m³ 计,利用 1 m³ 雨水的年运行费只有 1 角钱,仅为自来水年运行费的 1/30,如果把绿地、渗井等入渗雨水量也一并计算,则年运行费仅为 5 分钱/m³。

庭院雨水利用一般都是家庭成员自行清理污淤和维护,其年运行费更少,基本上可忽略不计。

(2)经济效益

试点小区、庭院雨水利用工程的经济效益主要体现在:节省了自来水,减轻了水资源极度缺乏的压力;增加了雨水入渗量,回补了地下水;改善了城市水环境和生态环境。

1)雨水利用节省了自来水费用

试点小区每年 5—9 月屋面、路面可收集利用雨水量 3 457 m³,全部由晋中市气象局机关用于浇灌绿地、喷洒路面、景观用水、洗车、室内外环境卫生等,就等于节省了自来水 3 457 m³。按城市水价,居民每立方米自来水价格 2.2 元和机关单位每立方米自来水价格 6.2 元计,每年为晋中市气象局机关节省自来水费（3 457 m³×6.2 元/ m³）达 2.14 万元，试点庭院每年收集利用雨水近 45 m³，即节省自来水近 45 m³，全年节省自来水费 99 元。

2）节省了入渗回补地下水费用

试点小区因雨水利用工程的正常运行，通过下凹式绿地、盆状洼地、渗水井和草坪砖等增渗设施入渗回补地下水，以增加地下水含量。按城市每立方米地下水资源自来水费实际价格 1.2 元计，试点小区每年入渗回补地下水为：有效渗透面积 9 174 m²×0.421 m（年降水量 421 mm）＝3 862 m³，则入渗回补地下水资源费用为 3 862 m³×1.2 元/m³ ＝4 634 元。

3）因节水使试点小区产生收益

如按当前国家因缺水造成的国家财政收入损失计算，据潘安君等（2010）研究，目前全国 600 多个城市日平均缺水 1 000 万 m³，造成国家财政收入年平均减少 200 亿元，相当于每缺水 1 m³ 要损失 5.48 元。亦即节约 1 m³ 水就创造了 5.48 元收益。试点小区每年节水 7 319 m³，即可产生收益 4 万余元。

4）减少了城市排水设施运行费用

试点小区实施雨水收集利用后，每年汛期（5—9 月）可以减少向市政管网排放雨水量达 6 626 m³，只有初期降雨弃流的 350 m³ 污水直接排入市政排水管网，仅占小区汛期雨水径流量的 5%，这就大大减轻了市政管网的压力，也减少了市政管网的维护费用。按市政管网每立方米的管网运行费 0.1 元计算，试点小区每年可节省城市排水设施的运行费为：0.1 元/m³×6 626 m³＝662.6 元。

5）显著的防洪作用节省了城市防洪排涝设施运行费用

试点小区每年汛期的外排雨水径流量可减少 80%～90%，明显地减轻了城市防治洪涝的压力，从而也节省了城市河道整治和拓宽的费用。北京市河道整治拓宽费用按照规划市区总面积分摊，每公顷为 6.84 万元。如果晋中市的河道整治拓宽费用参照北京市以规划总面积分摊，则每公顷约分摊 5 万元左右，假定河道改扩建周期为 20 年，可推算出试点小区每年分摊河道拓宽费为：5 万元/hm² × 2.01 hm² = 10.05 万元，20 年为 201 万元。以试点小区每年汛期减少外排雨水径流量 80%～90% 计，即每年减少河道拓宽费用 8 万～9 万元，20 年可减少 160 万～180 万元。

6）清除污染，减少社会损失，改善了水和生态环境

据有关资料，消除污染每投入 1 元可减少环境资源损失 3 元，投入产出比为 1∶3。因试点小区雨水利用设施污染物较少，消除污染投入也较小，故消除污染每投入 1 元可减少环境资源损失小于 3 元，投入产出比为 1∶1.5。由于试点小区雨水利用设施正常运行后，可减少 80%～90% 的污染雨水排入河流水体，同时，也减少了因雨水污染而带来的河流水体环境和城市生态环境污染。如以居民用水排污费 1 元/m³作为处理污染需投入的费用，试点小区雨水利用每年可减少社会损失为：6626 m³ × 1.5 × 1 元/m³ = 9939 元。

以上各项年收益合计为 15.67 万元。因试点小区为机关与住宅楼同处一个大院，属综合小区，面积 2.01 hm²，居民不足百户，每年雨水利用收益即有 15.67 万元，如果市区所有居民小区的一半开展了雨水利用工程建设（面积约 2 500 hm²）并投入运行，则每年收益约 2 亿元。

5 晋中市城市雨水利用技术推广要点

从试点小区、庭院雨水收集利用工程的设计、施工、验收到投入运行，又经过几年来的运行实践和技术改进与完善，并参考国内同类研究成果，初步总结出晋中市 11 个中小城市雨水利用的"3443"技术推广要点，即：3 类雨水利用基本形式，4 项不同类型下垫面雨水利用技术措施，4 种不同类型区域的雨水利用方式，以及 3 项运行、维护与管理保障工作。

5.1 雨水利用的 3 类基本形式

城市的下垫面十分复杂，如各式各样的建筑物屋面、庭院广场、道路、多种建材铺装地面、绿地（公园、街心绿地等）、裸地、水面等。但从雨水利用的角度看，无论什么样的下垫面，其雨水利用大体上可归纳为以下 3 类基本形式。

5.1.1 雨水收集和直接利用

雨水收集和直接利用，就是把屋面、路面、庭院、广场等不透水下垫面的雨水收集起来，经过适当处理之后，直接用于浇灌绿地、喷洒街路面、景观用水、冲厕洗车等。这种雨水的利用形式，可大量减少全晋中市各中小城市的自来水用量，既可节省水资源，减轻水资源极度紧缺的压力，同时，又可减少市政管网的雨水排放量以及水处理厂的污水处理量。雨水收集利用系统,包括收集管线、初期雨水径流弃除设施、调蓄处理设施、蓄水储存池、雨水利用管线水泵等。

5.1.2 渗入回补地下水

雨水渗入地下,要采用能够下渗雨水的绿地(公园、草坪、绿园等)、透水地面、渗透设施等。国内许多研究结果和实践经验,大多采用能使雨水尽快渗入地下的下凹式绿地、渗透性铺装地面、入渗洼地、渗沟、渗井等增渗设施。

下凹式绿地,即是低于周围地面一定深度的绿地。据有关试验研究,绿地比周围地面下凹 5~10 cm 时,能够消纳入渗自身和相同面积不透水地面流入的雨水,也能够使强度为 5 年一遇的日降雨无径流外排。

渗透性铺装地面,即使有中雨或降水强度较小的大雨时,也能够较快地下渗雨水,使地面不积水或少积水。其结构为:面层有很强的渗透力,可使所有强度的降雨都能快速渗入到下层,下层也有较大的渗透力和孔隙率,便于滞留渗入的雨水。试验证明,符合以上结构要求的面层铺设材料有透水砖、草坪砖、透水沥青、透水混凝土等,适合铺装地面有庭院、广场、停车场、人行道、自行车道、小区内机动车道等。

5.1.3 径流调控排放

雨水径流调控排放,是指在雨水排除之前,利用绿地、洼地、景观水体、蓄水池等调蓄设施,以及雨水流量控制井、溢流堰等控制设施,使所在区域的雨洪暂时滞留在调蓄设施和管道之内,然后把超过调蓄设施储存量的雨水按照可控制的流量排放到市政管道。

5.2 各类下垫面雨水利用 4 项技术措施

根据不同类型下垫面,初步总结归纳为 4 项相应的雨水利用技术推广措施。

5.2.1 屋面雨水利用技术措施

屋面形式多种多样,但基本形式为坡屋面和平屋面,雨水利用采用以下技术措施。

(1)直接收集利用

先要设置蓄水池,可根据各城市的布局特点及雨水用途、绿地分布等,确定蓄水池位置,其形状、个数、容积按实际需要而定。蓄水池需设置溢流口,如果降雨径流超过设计标准,蓄水池的多余雨水可通过溢流口排入市政管道。建成蓄水池后,屋面雨水收集利用流程为:根据屋面铺装材质,将屋面所产生的雨水径流,通过雨水管道的弃流设施将初期径流去除后流入蓄水池备用,可以用作浇灌绿地、景观补水、喷洒路面、空调冷却补水、冲厕等,具体流程见图 5.1。

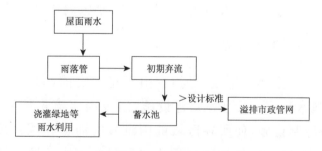

图 5.1 屋面雨水直接收集利用流程

（2）渗入地下补充地下水

渗入技术是将屋面的雨水径流收集起来，通过分散式渗入技术和集中式渗入技术，入渗地下回补地下水。

1）分散式渗入技术

即将屋面雨水收集起来，通过导流设施就近分散排入到周围的绿地、裸地、透水铺装地面等，不经去除初期径流，直接渗入地下。可依实际需要和经济条件，在相关绿地、裸地内建设渗水井、渗水沟等增渗设施，或者在透水铺装地面修建雨水口、增建地下雨水管线，以增加绿地、透水地面的入渗能力。分散式渗入流程见图 5.2。

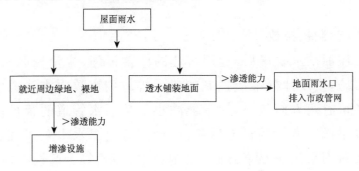

图 5.2 屋面雨水分散式下渗流程

2）集中式渗入技术

即依设计标准，把建筑屋面所产生的雨水径流，经过去除初期径流后全部收集，引入末端建设的蓄水池及渗水井、沟等渗水设施，由渗水设施渗入地下深层，以回补地下水。蓄水池等调蓄设施的容积可根据实际需要经计算确定，池内雨水以浇灌绿地等回用为主，超容径流用于渗入地下。此外，屋面雨水也可收集进入渗透管渠，通过透水性较强的管渠将雨水输送进周边的碎石层（有一定的储水、调节作用），然后缓慢向四周土壤渗透。超过设计标准的雨水径流溢入市政雨水管道。集中式渗入流程见图 5.3。

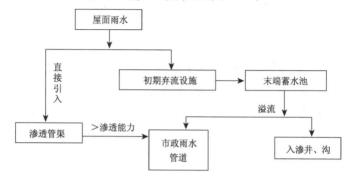

图 5.3   屋面雨水集中式下渗流程

（3）调控排放

屋面雨水收集后，利用所建的调蓄设施、流量控制及溢流设施，按设计标准应控制的流量排放到市政雨水管道中。由此可有两方面效果：一是能减小市政雨水管道的管径；二是如果适当增大调蓄池容积，增设调蓄池提水水泵，就能提供大量雨水用于浇灌绿地、景观补水、冲厕等。调控排放流程见图 5.4。

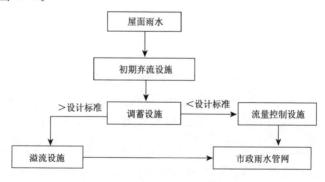

图 5.4   屋面雨水调控排放流程

（4）屋面雨水的综合利用

将屋面雨水直接收集利用、渗入地下补充地下水和调控排放有机地相结合，即可形成一个既有雨水（资源化）的广泛应用，又有雨水径流渗入地下补充地下水，还能经过调控设施大量减少排放量的雨水综合利用系统，以便于正常运行和管理。

5.2.2　各类铺装地面雨水利用技术措施

根据晋中市 11 个中小城市的实际情况，铺装地面主要包括街路的人行道、自行车道、学校等单位车流量较小的机动车道、广场、庭院、停车场等，雨水利用主要采用以下技术措施。

（1）透水地面雨水入渗技术措施

采用草坪砖、透水砖、透水混凝土、透水沥青等建材铺装的透水性地面，其雨水利用主要实施下渗技术，即将雨水通过透水性面层、垫层入渗到下层土壤中。如果透水铺装地面与绿地或裸地相连接，则透水铺装地面须高于绿地、裸地 10 cm，并坡向绿地、裸地。这样的技术处理，是为了使雨水超过透水铺装地面下渗能力时所产生的地表径流，可自行流入绿地或裸地。

（2）不透水地面雨水收集利用技术措施

不透水地面的雨水径流系数为 0.9，即降雨量为 0.5 mm 时就开始形成径流，亦即不透水地面的渗水能力≤0.5 mm。超渗雨水可通过雨水收集设施收集起来，经过初期弃流、过滤等初步处理后，流入蓄水池供回用。

5.2.3　绿地雨水利用技术措施

城市绿地主要包括公园绿地、街心绿地、草坪、小树林等，其雨水利用主要采用如下 2 种技术措施。

（1）下凹式雨水下渗

绿地土壤渗透性较好，可直接采用下凹式雨水下渗技术。即绿地要低于周围地面 5 cm，尤其是绿地与铺装硬化地面连接处，绿地必须下凹 5～10 cm，使得铺装硬化地面雨水可自流入绿地。其设计标准为：下凹式绿地采用 5 年一遇降水标准，达到绿地本身无雨水径流外排，还须消纳相同面积铺装硬化地面的雨水径流。此设计标准要求：1）绿地的土壤及下部土层的透水性良好，特别是绿地种植植物品种及分布要有耐淹性；2）绿地低凹处须设雨水口，雨水口的顶面须高出绿地 5 cm，便于超标准雨水排出；3）绿地下渗不设滞留容积，其有效容积是能够调蓄系统积水历时内的蓄积雨水量。

（2）下凹绿地增渗设施

如果绿地的土壤渗透性一般或较差，须在下凹式绿地内建设渗水井、渗水槽等增渗设施，以达到与渗透性较好绿地一样的消纳雨水能力。绿地一般都有一定的起伏，可在低洼处设置雨水口，当雨水超过设计降雨径流或超过绿地内植物耐淹范围的积水时，可引流到增渗设施，再超过增渗设施入渗量的雨水径流即可通过雨水口排入市政雨水管道。

5.2.4　街路雨水利用技术措施

（1）街路采用下凹式绿带、透水人行道和环保型雨水口等雨水利用技术措施机动车道两侧人行道用透水建材铺装,道面设计坡向下凹式绿带,使降雨径流超过透水人行道渗透能力时自流进绿带。另外,在机动车主干道设置环保型雨水口,将机动车主干道初期雨水径流及较大的污染物拦截后排入雨水管道。

(2)采用绿地设雨水口

此型设计的透水铺装人行道及下凹式绿带标准同上,但雨水口设置在绿带内。当不透水硬化路面的雨水径流排进绿带并入渗后,超过设计标准的雨水可通过绿带内雨水口排入市政雨水管道。

5.3 各类区域雨水利用技术方式

根据晋中市各中小城市的建设和发展状况及功能,大体上可划分为 4 类区域,分别为:居民住宅区,包括老城区、已建成的新城区和将建区;公共设施区,包括政府机关、企事业单位及商务区等;各类学校校园;公园园区等。因各类区域下垫面的组成差异很大,市政建设的布局及规模亦各不相同,各类区域的水环境和生态环境以及用水性质等均有明显差异,故雨水利用技术方式也明显不同。

5.3.1 居民住宅区雨水利用技术方式

(1)老城居民住宅区雨水利用

老城区的住宅建筑特点是布局与建筑形式独具特色,平房与楼房、旧楼与新楼相互嵌错,使雨水利用工程建设难度较大,经实地调研,参考其他城市的做法,此区以平房区与楼房区分别探索雨水利用技术方法。

　　1)平房庭院雨水收集利用

　　平房庭院的下垫面包括屋面、绿(裸)地及铺装硬化院、路面等。其雨水利用技术方法如下(流程见图5.5):

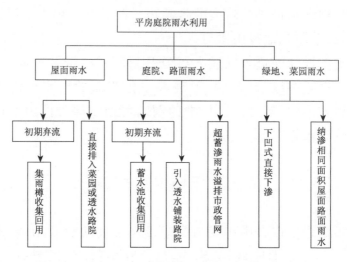

图5.5　平房庭院雨水利用技术流程图

　　①尖顶房屋面雨水收集采用檐沟收集,经雨水管输入集雨樽储存利用;也可从檐沟收集后经雨落管直接排入绿地、菜园。

　　②平顶房屋面,采用设置雨水斗,把雨水引入雨落管经初期弃流后流进集雨樽储存回用,或直接排入绿地、菜园入渗。

　　③将院内的绿地、菜园等改造成下凹式,比路面低5～10 cm,按2年一遇标准设计,达到本身无径流外排,还能消纳相同面积屋面与路面的雨水径流。

　　④在硬化铺装路面设置雨水口,路面下改造铺设雨水管道,使雨水径流由路面雨水口进入雨水管道,再流入集雨井

或调蓄池储存待用。最好是把院内路面改用透水砖铺装,使雨水直接渗进地下,超渗雨水可引入下凹式绿地下渗。

⑤院、路面雨水超过蓄、渗能力部分溢排市政管网。

2)楼房区雨水收集利用

老城区的楼房基本上都是 20 世纪 70—90 年代建设的,特点是 2～6 层楼房占绝大多数,楼间间距小,室外空间不大,绿地面积小甚至无绿地,故雨水收集利用改造、设施设置和使用维护困难较大,雨水需水量相对也较小。因此,老城楼房居民住宅区较适宜的雨水利用技术措施是设置小型地下蓄水池或集雨樽,庭院、路面改造为透水砖铺装,使该区的雨水直接渗入地下,超蓄、超渗雨水径流排放到市政雨水管道(见图 5.6)。

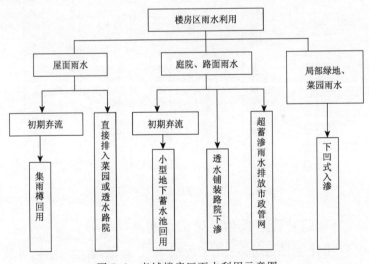

图 5.6　老城楼房区雨水利用示意图

(2)已建成新城区居民住宅区雨水利用

晋中市、介休市城区及各县城城区,已建成新城区面积约占全城区面积的70%以上,而且建筑密度较小,间距也较大,室外空间和绿地面积都有所增加,雨水收集利用较易改造,可在室外空间或绿地地下根据需要修建多个蓄水设施,屋面、庭院和路面雨水经管道收集、弃除初期污染径流后,再经调蓄设施储存备用,超标径流可溢排市政管道。区内绿地可改造为下凹式,溢流雨水可引入下凹式绿地下渗回补地下水。庭院、路面等可改造为透水铺装,部分屋面雨水可就近引入绿地或透水路面入渗地下(见图5.7)。

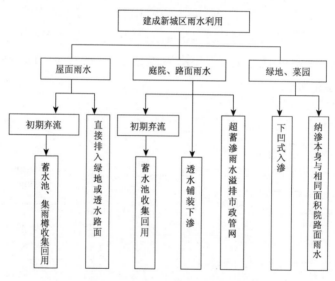

图5.7　建成新城区雨水利用示意图

(3)即将建设居民住宅区雨水利用

将建住宅区注重突出水环境与生态环境,室外空间及公共面积较大,基本上都配套设置有大小不等的人工湖、景观水体、小块湿地、绿地及休闲活动场地等,雨水利用工程可与小区建设工程统一规划设计,同步建设施工,实施综合利用雨水(见图 5.8)。

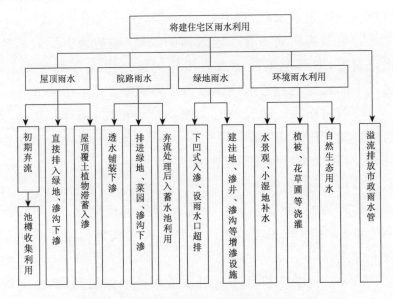

图 5.8　将建住宅小区雨水利用技术方式示意图

5.3.2　公共设施区雨水利用技术方式

公共设施区包括政府机关、企事业单位及商务区等,其共同特点是:建筑物较集中,屋面面积大,绿地面积小,车辆多,机动车路面污染物多,停车场地大等。受其特点所限,雨水利用以屋面、路面为主,且各自形式不同。

(1)屋面雨水利用

政府机关、企事业单位及商务区的雨水收集主要源自屋面雨水。其屋面雨水收集利用包括如下方式:

1)户型采用集雨樽收集雨水。通过雨落管(设置初期弃流装置)收集进入集雨樽,用于冲洒道路及浇灌绿地、花草、菜园等。

2）把雨落管雨水引入室外雨水管道,与其他下垫面集雨设施统一收集雨水后,集中处理、存储、统一回用。

3）建筑物四周如有一定规模的绿地（改造为下凹式）、透水路面等,即可把屋面雨水直接排到绿地内或透水路面上,通过下凹式绿地和透水路面滞蓄下渗地下。

4）若屋面覆土并栽植有菜蔬花草等植物,则可利用土壤与植物储蓄雨水,以减少屋面雨水径流量,还可通过土壤渗透、吸附及生物过程提高水质。

（2）路面雨水利用

政府机关、企事业单位大院及商务区机动车多,路面污染严重,雨水水质相对较差。其路面雨水收集利用主要采用以下方式:

1）大院内的非机动车道可改造成透水铺装路面,停车场改造为草坪砖铺装,以扩大渗透面,减少雨水径流量。

2）因特殊原因部分路面不能改造为透水铺装,且只有行人和非机动车通行的地面,其雨水径流可通过环保型雨水口将初期雨水和污染物弃除后,引流进雨水收集管道,汇集于地下蓄水池,经处理后回用。

3）机动车路面因污染严重,雨水不可收集利用,雨水径流直接排放到市政排水管道。

（3）绿地雨水利用

政府机关、企事业单位大院及商务区的绿地面积普遍较小,而且多为小片分散分布,所以,绿地雨水利用条件有限,一般应改造为下凹式绿地,提高其自身滞蓄入渗雨水能力。

公共设施区雨水利用技术方式见图5.9。

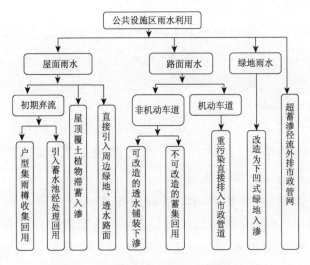

图 5.9 公共设施区雨水利用技术方式图

5.3.3 学校校园雨水利用技术方式

无论小学、中学和大专院校,校园内建筑物密度都较小,且都有供学生锻炼身体的体育场所,也有相当面积的绿地,给雨水利用设施布置和改造提供了便利,其雨水利用技术方式如下:

(1)屋面雨水收集利用

校园内建筑物一般为教学楼、图书馆、宿舍楼、食堂等,屋面雨水收集利用可采用单独集雨樽收集回用、通过雨落管初期弃流引进地下调蓄设施存储回用、就近引入绿地或透水路面下渗地下、统一收集回用、屋顶绿化滞蓄入渗等方式。

(2)路面雨水收集利用

校园硬化路面机动车流量小,可全部铺装(已建成的应改造)成透水路面,增加入渗能力,大幅减少雨水径流量。

（3）绿地雨水利用

一般校园的绿地面积都较大，是雨水利用的良好场所，应全部改造为下凹式绿地，使其可消纳本身和周边一定范围内同样面积不透水路面的雨水径流。

（4）运动场雨水利用

学校的运动场最具雨水利用有利条件，可采用：

1）下渗地下，即对种植有草坪的操场等运动场，以入渗雨水方式减少雨水径流量；

2）收集利用，利用运动场周围跑道的环形排水沟把雨水收集起来，经过简单除污处理，输送到地下蓄水池储存回用。

学校校园雨水利用的总体技术方式流程见图 5.10。

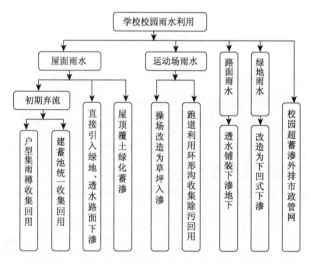

图 5.10　学校校园雨水利用技术方式示意图

5.3.4　公园园区雨水利用技术方式

一般公园都具其共同特点,即有相当面积的水景湖、池、绿地面积所占比重较大,树木林地较多,曲径景观小路随处可见等,其不同区域的雨水利用方式如下:

(1)绿地入渗:公园园区内绿地面积约占其总面积的3/5,雨水利用可采用以下方式:1)地势相对平缓的绿地,应改建为下凹式,消纳本身及周边雨水入渗;2)道路、广场等硬化地面,可顺地势地貌在竖向中将其坡向下凹式绿地,使雨水径流自行流进绿地入渗;3)若绿地土质密实,渗透力较差,可在绿地设置雨水口及蓄水设施,以储蓄雨水回用。

(2)非下凹式绿地周围的硬化道路、广场,可在其低洼处、变坡点设置环保型雨水口,使雨水径流通过管道系统输送收集回用。

(3)园区内树木多,树坑可采用透水景观材料铺装,一可解决凹陷树坑造成行走不便的问题,二可增加树坑处雨水入渗。

(4)公园外停车场、园区内公众经常踩踏的娱乐、健身、休闲场地等,可采用透水砖、草坪砖、嵌草砖铺装。

(5)如园林地土质密实,透水性差,而且园林区晨练人多,可采用设置增渗设施,以增加土壤含水量,向树深根系补水。

(6)景观水体(湖)或大型蓄水池,应将雨水作为其补水水源,可结合地形地势在竖向中使四周岸坡坡向水体,降雨时地面雨水径流会自行流入水体,同时,在离岸远处的道路、广场、绿地、林地、休闲地等设环保型雨水口收集雨水,通过雨水管道系统引流湖、池内。

公园园区雨水利用总体技术方式见图 5.11。

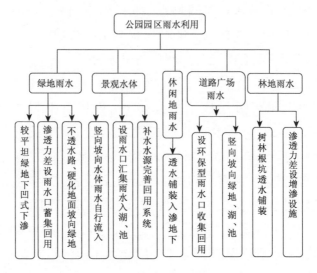

图 5.11　公园园区雨水利用技术方式示意图

5.4　雨水利用工程设施运行、维护与管理 3 项保障工作

城市各类区域的雨水利用工程建成后,使用单位要制定严格的管理规章制度,实行专人专责制,并注重加强日常管理、汛期管理、设备检测等 3 项保障工作。

5.4.1　加强日常管理工作保障设施正常运行

(1)采取有效措施保障设备安全,定期定时对设施进行巡视,树立警示牌,谨防被盗或破坏,发现异常或故障及时报告管理机构处理。

(2)发现设施有淤堵、淤塞时,须及时进行清理;严禁在

设施区域倾倒垃圾、丢掷废弃物品等,保障设施区域的清洁
卫生。

(3)加强雨水集蓄回用的统一调度管理,未经许可,严禁
私自移动设备或私自引用设施内雨水。

(4)雨水利用工程应与周围的闸、坝、排污等设施相互协
调,为雨水利用工程的正常运行,创造有利条件。

(5)进入检查井、蓄水池等地下建筑设施内部之前,必须
打开井盖等充分通风后再行进入,以确保工作人员的人身
安全。

5.4.2　严格汛期雨水利用专业管理,发挥工程运行效益

汛期降雨集中,是一年中雨水利用工程充分发挥效益的
关键时期,一定要更加严格地强化管理工作。

(1)每年年初,即须对雨水利用的所有设施进行全面认
真的巡查,如发现有开裂、塌陷、漏水、锈蚀、锈死等现象,应
及时进行检修,以保障汛期设施的正常运行。

(2)每年汛期开始前 1 个月,必须对所有设备进行一次
调试,包括雨落管、雨水管道、检查井、蓄水池、阀门、雨水处
理设施、初期弃流设施、溢流设施、监测设备等。

(3)制定汛期设备运行、维护的专业管理制度,依规照制
严格管理。

5.4.3　认真做好监测记录,随时掌握设施运行状况

雨水利用设施、设备的运行与维护,监测记录工作十分
重要,既可监测工程效果,帮助管理单位随时掌握雨水利用
工程设施的运行状况、了解工程效益能否达到预期,又可为

进一步提高工程技术效能,改善管理水平提供数据支持。

（1）做好雨水利用工程的所有设施设备的日常维护、供电状况、设备工作状态等监测工作,读数准确,记录规范。

（2）蓄水设施、雨水处理设施内的雨水,应定期取水样进行检验,取样间隔时间可依实际需要而定,一般1个月应取样1次。

（3）监测人员必须认真做好工作记录、巡查记录、调试记录、设施操作记录等。记录内容包括年、月、日、时,以及记录人、操作人、操作内容步骤、设施状态等。

6 晋中市城市雨水资源化利用的政策建议

晋中市的 11 个中小城市均严重缺水,雨水资源化利用确系当务之急。然而,城市雨水资源化利用在全市 11 个中小城市中还尚未起步,主要原因是对城市缺水的严峻性认识不足,而且人们对雨水的传统观念就是排、泄、防,认为雨水是导致城市洪涝之祸水,故各有关部门对城市雨水的关注都集中在"排放"上,如建筑设计部门关注的是雨水排水管网的疏通,水利部门关注的是雨洪防御,环保部门关注的则是雨污处理及达标排放等,其实共同关注的就是把雨水资源尽快地排干疏尽。因此,在晋中市的城市雨水利用进程中,首先应解决的是观念和认识问题,同时,在技术、经济及管理等方面,需要政府的政策推动,这就涉及一系列政策问题,现将国外、国内的城市雨水利用政策现状做一简介,并提出晋中市城市雨水资源化利用的政策建议。

6.1 国内外城市雨水利用政策现状

城市雨水利用,是协调人与自然关系,实现社会经济与生态环境可持续协调发展的重要措施。雨水利用在解决城市水资源紧缺,保护和改善城市水环境与生态环境方面所起的有效作用,已逐渐得到全世界的认可。

　　因为城市雨水资源化利用的社会、经济效益远大于其本身建设的财务效益,其推广发展须有政府制定相关政策来推动、鼓励和支持。

6.1.1　国外城市雨水利用政策现状

　　德国:由污水联合会和雨水利用专业协会制定了一系列雨水利用与管理的技术性规范和标准的技术政策,如1989年制定了《雨水利用设施标准》;各州府还制定了严格而完备的雨水利用法律体系,如汉诺威市制定的《水保护法》、《废水条例》、《建筑规定》等,都有条文明确规定雨水利用设施建设标准和雨水处理费用减免办法等;此外,德国还制定了雨水排放费、废水排放税、雨水利用补贴等经济政策以及完善的雨水利用法律体系等管理政策。

　　美国:技术政策上许多州和市制定了雨水利用技术手册、规范与标准,如《雨水设计手册》等;经济政策方面制定了雨水排放费、总税收、发行义务债券、补贴、贷款等;管理政策方面制定了《雨水管理手册》、联邦水污染控制法、清洁水法等法律法规。

　　日本:技术政策上推行雨水贮留渗透计划,成立"日本雨水贮留技术协会"民间组织等;经济政策上制定了对雨水利用工程进行补贴、雨水专项费、低息融资等政策;管理政策上有"多功能调蓄池的建设管理"等,通过计划、规划及非政府性的组织进行管理等。

　　还有新西兰等许多实施城市雨水利用的国家,都制定了相应完备的技术政策、经济政策和管理政策。

6.1.2 国内城市雨水利用政策现状

北京市是目前国内在城市雨水资源化利用方面政策较完备的城市。2003 年 3 月,北京市发布了第一个雨水利用法规性文件《关于加强建设工程用地内雨水资源利用的暂行规定》(市规发〔2003〕258 号),规定"凡在本市行政区域内,新建、改建、扩建工程均应进行雨水利用工程设计和建设",并规定"在规划市区、城镇地区等修建专用的雨水利用储水设施的单位和个人,可以申请减免防洪费"。2004 年 5 月,北京市人大常委会通过了《北京市实施〈中华人民共和国水法〉办法》,规定"鼓励、支持单位和个人因地制宜,采取雨水收集、入渗、储存等措施开发、利用雨水资源"。2005 年,北京市以政府令颁布《北京市节约用水办法》;同年 11 月,北京市规划委员会、北京市建设委员会、北京市水务局联合公布《关于加强建设项目节约用水设施管理的通知》(京水务节〔2005〕29 号),指出"各类建设项目均应采取雨水利用措施"。2006 年,北京市水务局、北京市发展和改革委员会、北京市规划委员会、北京市建设委员会、北京市交通委员会、北京市园林绿化局、北京市国土资源局、北京市环境保护局等联合发布《关于加强建设项目雨水利用工作的通知》(京水务节〔2006〕42 号),对雨水资源利用工程的设计任务书、施工图设计、竣工验收、交付使用等建设程序的各个环节做了明确规定,建立了联动工作机制等。

国内还有南京、广州、深圳、昆明、无锡、镇江等城市均制定了雨水资源利用法规性政策。例如,中等城市无锡市,2008 年出台了《关于加强新建建设工程城市雨水资源利用的暂行规定》,规定市区范围内新建、改建、扩建的建设项目,均宜考虑采用雨水利用措施,尤其是单体建筑屋顶面积3 000 m² 以上的新建公共、工业建筑项目,总用地面积大于 1万 m² 的新建、改建、扩建之广场、公园、绿地项目,新建城市道路的人行道、绿化带工程,均必须配套雨水利用工程。再如镇江市,2009 年颁布了《镇江市新建建设工程城市雨水资源利用管理暂行办法》,要求地上总建筑面积 10 万 m² 以上的新建住宅小区项目,地上总建筑面积 5 万 m² 以上、容积率小于 2 的新建公共建筑项目,总用地面积 1 万 m² 以上的新建、改建、扩建广场、停车场,以及所有公园、绿地项目,新建城市道路的人行道、绿地工程等,都必须配套雨水资源利用工程。

6.2　晋中市城市雨水利用政策建议

参考国内外相关城市出台的城市雨水资源利用法规性政策和鼓励、支持性政策,结合晋中市城市的实际情况及近年来对城市雨水资源化利用的研究和实践,提出如下政策建议。

6.2.1　经济政策建议

城市雨水资源开发利用工程所体现的经济、社会及生态效益,其直接的受益群体主要是社会公众,而投资者自身的财务收益很少,有的工程甚至是负收益。因此,在城市雨水利用工程建设上,大型设施建设投资政府应占主导地位,中、小型设施建设投资则可通过适当的经济政策,如可采取经济补偿或补贴等经济政策来鼓励、引导、调动社会资源参与雨水利用工程建设的积极性。

(1)经济补贴政策的依据与方式

1)以政府投资为主的雨水利用工程设施,建成后由政府把产权移交给使用单位,使用单位接受后要负责设施的日常运行、维护和管理。为了切实加强和落实管理职责,刺激管理单位的积极性,政府可给予适当的经济补贴,保障设施日常运行及维护费用。政府经济补贴可采用不同的依据考量:

①依据雨水利用设施的规模和雨水回用量进行补贴。可根据以下因素给予补贴:绿地入渗面积;透水铺装路面、广场等的面积;蓄水池的容积(多个蓄水池算其总容积);每年实际收集、回用的雨水量等。

②依据雨水利用建设的类型分别给予补贴。根据现时城市建设布局,雨水利用设施建设的非公共设施区,主要是住宅小区、公园和学校等,可依其不同的建设类型,综合考虑补贴额。主要考虑因素包括管理单位的性质、资金来源、社会影响力等方面。

2)补贴费用的分担。据已开展雨水利用多年的城市(如北京、无锡、镇江等大中城市)所积累的经验估算,雨水利用总受益量中政府占80%,而单位和居民的直接收益仅为减少了排污费的缴纳及享受到改善了的良好环境,其只占总受益量的20%,所以,补贴费用政府应承担大部分。

(2)不同额度的估算

不同额度应控制在实际水价以下。如使用单位的水价计费同于居民用水价,则每立方米水的补贴额即控制在居民用水价以下;如使用单位的水价同企事业单位用水价计费,则每立方米水的补贴额即控制在企事业单位用水价以下。

1)按设施规模计核补贴额

①入渗设施:绿地入渗,其成本较低,应以增加的入渗量及绿地面积来综合计核补贴额;透水铺装入渗,其成本较高,应以铺装面积、透水效果及铺装总投资计核补贴额。

②雨水收集回用设施:以雨水收集设施容积、收集雨水量为指标,综合考虑集雨面积及建设总投资计核补贴额。

③调控排放设施:应以雨水调控排放量为指标,综合考虑建设总投资计核补贴额。

2)按建设类型计核补贴额

①住宅小区雨水利用:其建设成本按照中水标准进行补贴,补贴额以建设成本的30%左右核定。

②公园雨水利用:因其属于公益性公共设施,由政府财政拨款建设,其雨水利用工程的补贴应把建设、运行管理等一起计核,补贴额应为成本的20%左右。

③学校校园雨水利用:学校人员流动性大,可作为雨水利用的宣传示范基地,其雨水利用工程为政府全额资助或投资,补贴额可按成本的20%左右计核。

6.2.2　管理政策建议

晋中市11个中小城市的雨水利用,涉及气象、地质、城建、环保、园林等各个领域。因此,雨水资源化利用的综合性管理,必须要由水务、气象、城建、市政、节水、建筑、环境、园林等部门通力协作,加强职能部门联动机制,明确各部门职责,加强信息沟通,并须成立专门的协调机构。

(1)城市雨水利用管理机制构建

为了更好地推动雨水利用项目的规范化建设,遵循现有的管理体制,城市雨水资源化利用管理机制可按以下 3 个层次的管理形式。

第一层次:政府。由政府负责制定雨水利用相关法规、规划和办法,对下属职能机构进行行政管理。

第二层次:雨水资源化利用联动工作机制。由各相关职能部门成立常设机构,实施政府颁布的法规、规划、办法等,进行各部门行政协调。各部门如城市规划部门、水务部门、城建部门、环保部门、国土部门、园林部门等相关职能部门,要明确各自的职能责任,对雨水资源利用的发展规划,以及雨水项目的监督、论证、方案审查、设计审批、施工监督和使用管理等方面均应有明确分工。

第三层次:雨水利用受益主体和社会公众。这些受益主体能切身感受到雨水利用给他们带来的利益,有助于宣传雨水利用的作用和促进更广泛的应用;同时,也能提出政府管理雨水利用过程中存在的问题和不足,有助于提高管理的效果。

(2)城市雨水利用项目建设管理

城市雨水利用在晋中市还处于试验研究阶段,真正的雨水利用尚未起步,为此,各城市的雨水利用项目建设要遵循以下原则:

1)雨水利用工程设计要以城市总体规划为主要依据,处理好雨水直接利用与雨水渗透补充地下水及雨水安全排放的关系;处理好雨水资源的利用与雨水径流污染控制的关系;处理好雨水利用与污水再生水回用、地下自备井水与市政管道自来水之间的关系,以及集中与分散、新建与扩建、近期与远期的关系。

2)雨水利用工程应做好充分的调查和论证工作,并进行专题研究,明确雨水的水质、用水对象及其水质和水量要求。应确保雨水利用工程水质、水量安全可靠,防止产生新的污染。

3)应根据城市雨水资源管理的特点,吸取国内外先进经验,引进新技术,鼓励技术创新,不断总结和推广先进经验,使这项技术不断完善和发展。

4)雨水利用工程应与主体建设工程同时设计、同时施工、同时投入使用,其建设费用可纳入基本建设投资预、决算。

5)施工单位必须按照经有关部门审查的施工设计图建设雨水利用工程。擅自更改设计的,建设单位不得组织竣工验收,并由职能部门负责监督执行。

未经验收或验收不合格的雨水工程,不得投入使用。

6)建设单位要加强对已建雨水利用工程的管理,确保雨水利用工程正常运行。

(3)城市雨水利用项目的运行维护和用水管理

1)运行维护。雨水利用设施必须按照操作规程和要求进行使用与维护。应定期对工程运行状态进行观察,发现异常情况及时处理。雨水利用系统的后期管理也很重要,应建立和完善后评价系统。

2)水质监测。雨水利用工程运行过程中应对进出水进行监测,有条件时可以实施在线监测和自动控制措施。

3)安全使用。雨水处理后往往仅用于杂用水,其供配水系统应单独建造。

4)用水管理。雨水利用工程应提倡节约用水、科学用水。在雨量丰沛时尽量优先多利用雨水,节约饮用水;在降雨较少年份,应优先保证生活等急需用水,调整和减少其他用水量。雨水集蓄量较多,本区使用有富裕时可以对社会实行有偿供水。

6.3　制定城市雨水资源化利用条例和法规建议

6.3.1　建议市政府制定以下规定、规程、办法及设立专项基金

(1)制定《晋中市城市雨水利用设施建设暂行规定》

主要内容包括:全市各城市城区规划新建区、居民小区、机关大院及工商业区等必须设计建设雨水利用设施,使得城市雨水资源得到有效利用,并充分发挥其生态功能,从源头上缓解城市水资源紧缺状况,改善城市的水环境和生态环境等。同时要明确规定:凡应有而没有雨水利用工程设计的新建、改建、扩建工程,一律不予批准,另设计单位不予设计、施工单位不予施工、建设单位不予竣工验收,并不予供电、供水、供气等。在雨水利用工程建设上,对未按标准设计的应属设计责任,由规划行政管理部门监督处理;属于施工、监理责任的,由建设行政主管部门监督处理;属于建设业主责任的,由节水管理部门监督处理等。

(2)制定《晋中市雨水利用技术规程》

建议市政府成立以副市长挂帅的和由水利、城建、气象、市政管理、建筑设计、环保及园林等有关部门负责人组成的"城市水务协调领导小组",统一协调和管理包括全市各城区

雨水利用、防洪、供水、节水、水资源保护与配置、污水处理和再生水利用等诸方面水务工作。在一定的实践和理论研究基础上,借鉴国内外城市雨水利用的先进经验,制定晋中市雨水利用技术标准和规程,负责工程的具体实施和监督,并就雨水利用法律、条例的制定提出建设性意见和建议。

（3）制定《晋中市城市雨水利用管理办法》

主要内容包括:制定明确的奖惩办法,对于雨水利用成效显著的单位,给予享受环保优惠政策、免缴城市防洪费等其他奖励;对于应建而未建雨水利用设施,或虽建有雨水利用工程,但未达标或有名无实的单位要加倍收取城市防洪费、罚款或采取其他惩罚措施等。

适当加收水资源费,提高自来水价格(特别是工业用水、服务业用水等要多倍加价),以提高城市水危机的忧患意识,增强雨水资源是城市第二水资源的共识等。

（4）设立专项基金,扶持雨水利用产业发展

雨水利用作为资源、环保和可持续发展产业,政府应给予各种优惠政策,通过政策优惠、专项资金扶持及其他利益机制,调动开发商和企事业单位的积极性。促进雨水利用新兴产业的形成和发展。要鼓励用水大户自建集雨工程,工业收集雨水要比农业容易得多,通过排水系统把雨水收集起来,利用高科技,同污水处理、循环节水工艺相结合,用于冷却和洗涤等,减少对地表水和地下水的使用量,以节约的用水量作为奖励和专项资助的依据。政府还应加大资助力度,将效果明显的雨水利用技术广泛推广应用。

6.3.2 建议市人大制定《晋中市城市雨水利用暂行条例》

主要内容是针对雨水利用,雨水利用工程设计、建设标准,以及雨水径流、外排等做出具体规定。

建设单位的建设工程可行性报告中须对建设工程的雨水利用进行专题说明,并必须是雨水利用工程与主体建设工程同时设计、同时施工、同时投入使用,其建设费纳入基建投资预、决算。

规划、建设和节水管理部门对雨水利用工程的设计、建设和使用实施监督管理,对未按要求设计、施工雨水利用工程的要追究其设计责任、施工责任和业主责任。

建设单位要加强对已建成雨水利用设施的管理,确保正常运行。对已建成雨水利用工程而长期不能使用或不使用的要进行核减其用水指标等处罚。鼓励、规范城市雨水资源的开发利用等。

6.4 结束语

随着经济和社会的不断发展,城镇化的快速推进,人类对水资源的需求将会不断增长,水的供需矛盾也会不断加剧。雨水利用是解决城市水资源不足问题的一种有效途径,也是缓解晋中市城市普遍严重缺水的有效措施之一,事关民生和社会稳定,具有极强的针对性、适用性、紧迫性和广阔的推广前景。

晋中市城市雨水资源的开发利用,也能形成新的经济增长点。收集利用雨水,可借用基础设施投资,拉动经济增长;

雨水与中水利用设备产业可以吸引大量的民间资本进入,形成一个吸引民间资本的新产业;这项产业在减少政府财政支出、促进经济增长、吸纳就业、促进中小城市建设等方面都会发挥出积极作用。

晋中市城市雨水资源化利用起步虽晚,但通过借鉴发达国家和我国北京等大城市雨水资源利用的先进技术和经验,大力推进城市雨水资源化利用进程,即可在较短时间内形成我国黄土高原上中小城市雨水资源开发利用的典范,实现中小城市雨水资源开发利用的标准化,并引导出一个利润丰厚的朝阳产业。

参 考 文 献

曹秀芹,车武.2002.城市屋面雨水收集利用系统方案设计分析[J].给水排水,**28**(1):13-15.

车武,李俊奇.2001.对城市雨水地下回灌的分析[J].城市环境与城市生态,**14**(4):28-30.

陈卫,孙文全,孙慧.2000.城市雨水资源利用途径及其生态保护[J].中国给水排水,**15**(6):26-27.

河北省水利技术试验推广中心.2006.城市雨洪利用势在必行[OL].http://www.chinacitywater.org/rdzt/csshly/5908-3.shtml.2006 年 12 月 5 日.

李玉珏,高喜良,杨瑞平.2003.城市雨水资源化——以太原市为例[J].国土与自然资源研究,(1):7-8.

刘娜.2013.城市雨水资源化利用策略——以太原市为例[J].海河水利,(2):16-18,29.

潘安君,等.2010.城市雨水综合利用技术研究与应用[M].北京:中国水利水电出版社.

宋进喜,李怀恩,李琦.2003.城市雨水资源化及其生态环境效应[J].生态学杂志,**22**(2):32-35.

田新敏,屈鲲.2002.关于城市雨水资源利用的问题[J].河北水利水电技术,(2):22-23.

杨瑞平,李玉珏.2002.雨水资源在城市中的利用[J].山西水土保持科技,(2):23-24.

赵洁琳.2010.山西省城市雨水资源利用分析[J].山西水利科技,(2):68-70.

中华人民共和国建设部.2006.GB 50400—2006 建筑与小区雨水利用工程技术规范.北京:中国建筑工业出版社.